교육원, 를 위한

초등수학

팩토

Lv. 3

기본 A

수・퍼즐・측정

머리말

"

서로 다른 펜토미노 조각 퍼즐을 맞추어
직사각형 모양을 만들어 본 경험이 있는지요?

한참을 고민하여 스스로 완성한 후 느끼는 행복은 꼭 말로 표현하지 않아도 알겠지요.
퍼즐 놀이를 했을 뿐인데, 여러분은 펜토미노 12조각을 어느 사이에 모두 외워버리게
된답니다. 또 보도블록을 보면서 조각 맞추기를 하고, 화장실 바닥과 벽면의 조각들을
보면서 멋진 퍼즐을 스스로 만들기도 한답니다.
이 과정에서 공간에 대한 감각과 또 다른 퍼즐 문제, 도형 맞추기, 도형 나누기 에 대한
자신감도 생기게 되지요. 완성했다는 행복감보다 더 큰 자신감과 수학에 대한 흥미가
생기게 되는 것입니다.

팩토가 만드는 창의사고력 수학은 바로 이런 것입니다.

수학 문제를 한 문제 풀었을 뿐인데, 그 결과는 기대 이상으로 여러분을 행복하게
해줍니다. 학교에서도 친구들과 다른 멋진 방법으로 문제를 해결할 수 있고, 중학생이
되어서는 더 큰 꿈을 이루는 밑거름이 되어 줄 것입니다.
물론 고민하고, 시행착오를 반복하는 것은 퍼즐을 맞추는 것과 같이 여러분들의
몫입니다. 팩토는 여러분에게 생각할 수 있는 기회를 주고, 그 과정에서 포기하지
않도록 여러분들을 도와주는 친구가 되어줄 것입니다.
자 그럼 시작해 볼까요?

"

Contents

구성과 특징

📖 **팩토를 공부하기 前 ≫ 진단평가**

유치부 진단평가	초등 1 진단평가	초등 2 진단평가	초등 3 진단평가	초등 4 진단평가	초등 5 진단평가	초등 6 진단평가
다운로드	다운로드	다운로드	다운로드	다운로드	다운로드	다운로드

진단평가 바로가기

1 매스티안 홈페이지 www.mathtian.com의 교재 자료실에서 해당 학년의 진단평가 시험지와 정답지를 다운로드 하여 출력한 후 정해진 시간 안에 풀어 봅니다.

2 학부모님 또는 선생님이 정답지를 참고하여 채점하고 채점한 결과를 홈페이지에 입력한 후 팩토 교재 추천을 받습니다.

📖 **팩토를 공부하는 방법**

① 원리 탐구하기

주제별 원리 이해를 위한 활동으로 구성되며, 주제별 기본 개념과 문제 해결의 노하우가 정리되어 있습니다.

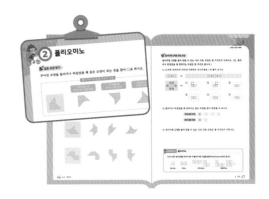

② 대표 유형 익히기

대표 유형 문제를 해결하는 사고의 흐름을 단계별로 전개하였고, 반복 수행을 통해 효과적으로 유형을 습득할 수 있습니다.

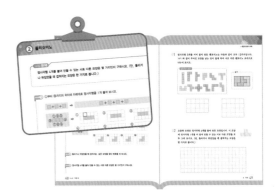

③ 실력 키우기

유형별 학습이 가장 놓치기 쉬운 주제 통합형 문제를 수록하여 내실 있는 마무리 학습을 할 수 있습니다.

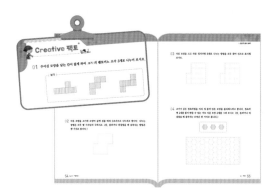

④ 경시대회 & 영재교육원 대비

• 각 주제의 대표적인 경시대회 대비, 심화 문제를 담았습니다.

• 영재교육원 선발 문제인 영재성 검사를 경험할 수 있는 개방형·다답형 문제를 담았습니다.

⑤ 명확한 정답 & 친절한 풀이

채점하기 편하게 직관적으로 정답을 구성하였고, 틀린 문제를 이해하거나 다양한 접근을 할 수 있도록 친절하게 풀이를 담았습니다.

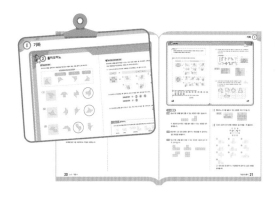

📖 팩토를 공부하고 난 後 » 형성평가·총괄평가

1️⃣ 팩토 교재의 부록으로 제공된 형성평가와 총괄평가를 정해진 시간 안에 풀어 봅니다.

2️⃣ 학부모님 또는 선생님이 정답지를 참고하여 채점하고 채점한 결과를 매스티안 홈페이지 www.mathtian.com에 입력한 후 학습 성취도와 다음에 공부할 팩토 교재 추천을 받습니다.

I
수

✅ 학습 Planner

계획한 대로 공부한 날은 😃 에, 공부하지 못한 날은 😟 에 ○표 하세요.

공부할 내용	공부할 날짜		확 인	
1 수와 숫자의 개수	월	일	😃	😟
2 숫자 카드로 수 만들기	월	일	😃	😟
3 조건에 맞는 수 만들기	월	일	😃	😟
Creative 팩토	월	일	😃	😟
4 숫자 카드 배열하기	월	일	😃	😟
5 조건에 맞는 수 찾기	월	일	😃	😟
6 팔린드롬 수	월	일	😃	😟
Creative 팩토	월	일	😃	😟
Perfect 경시대회	월	일	😃	😟
Challenge 영재교육원	월	일	😃	😟

① 수와 숫자의 개수

주어진 수의 범위에 속하는 수의 개수를 구하고, 알 수 있는 사실을 완성해 보시오.

보기

$49 - 45$

45부터 49까지의 수의 개수

$49 - 45 = 4$

수의 개수: $49 - 45 + 1 = 5$ (개)

17부터 22까지의 수의 개수

➡ 수의 개수: _____

61부터 69까지의 수의 개수

➡ 수의 개수: _____

76부터 90까지의 수의 개수

➡ 수의 개수: _____

89부터 113까지의 수의 개수

➡ 수의 개수: _____

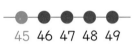 **알 수 있는 사실**

▲부터 ●까지의 수의 개수: (● − ▲ + ☐)개

▶ 정답과 풀이 **2**쪽

 숫자의 개수

100부터 199까지의 수가 있습니다. 물음에 답해 보시오.

100	101	102	103	104	105	106	107	108	109
110	111	112	113	114	115	116	117	118	119
120	121	122	123	124	125	126	127	128	129
130	131	132	133	134	135	136	137	138	139
140	141	142	143	144	145	146	147	148	149
150	151	152	153	154	155	156	157	158	159
160	161	162	163	164	165	166	167	168	169
170	171	172	173	174	175	176	177	178	179
180	181	182	183	184	185	186	187	188	189
190	191	192	193	194	195	196	197	198	199

(1) 일의 자리 숫자가 3인 수를 찾아 ○표 하시오.

(2) 십의 자리 숫자가 3인 수를 찾아 △표 하시오.

(3) 100부터 199까지의 수 중에서 숫자 3은 모두 몇 번 나오는지 구해 보시오.

Lecture 숫자의 개수

50부터 99까지의 수 중에서 숫자 6이 쓰인 횟수는 다음과 같습니다.

일의 자리에 나오는 숫자 6	십의 자리에 나오는 숫자 6		숫자 6이 쓰인 횟수
56, 66, 76, 86, 96	60, 61, 62, 63, 64, 65, 66, 67, 68, 69	➡	15번

대표문제

유진이는 84쪽부터 시작해서 129쪽까지 동화책을 읽었습니다. 유진이가 읽은 동화책 쪽수에 쓰여 있는 숫자는 모두 몇 개인지 구해 보시오.

STEP ① 84쪽부터 99쪽까지의 수는 몇 개인지 구해 보시오.

STEP ② STEP① 에서 구한 쪽수는 모두 두 자리 수이고, 각 수마다 2개의 숫자로 이루어져 있습니다. 84쪽부터 99쪽까지의 숫자는 몇 개인지 구해 보시오.

STEP ③ 100쪽부터 129쪽까지의 수는 몇 개인지 구해 보시오.

STEP ④ STEP③ 에서 구한 쪽수는 모두 세 자리 수이고, 각 수마다 3개의 숫자로 이루어져 있습니다. 100쪽부터 129쪽까지의 숫자는 몇 개인지 구해 보시오.

STEP ⑤ STEP② 와 STEP④ 에서 구한 결과를 보고 유진이가 읽은 동화책 쪽수에 쓰여 있는 숫자는 모두 몇 개인지 구해 보시오.

01 컴퓨터로 1부터 150까지의 수를 입력하려고 합니다. 숫자 자판을 모두 몇 번 눌러야 하는지 구해 보시오.

02 1쪽부터 112쪽까지 쓰여 있는 역사책이 있습니다. 이 책의 쪽수에서 숫자 7은 모두 몇 번 쓰였는지 구해 보시오.

② 숫자 카드로 수 만들기

 세 자리 수 만들기

주어진 3장의 숫자 카드를 모두 사용하여 세 자리 수를 만들고 알맞은 것끼리 선으로 이어 보시오.

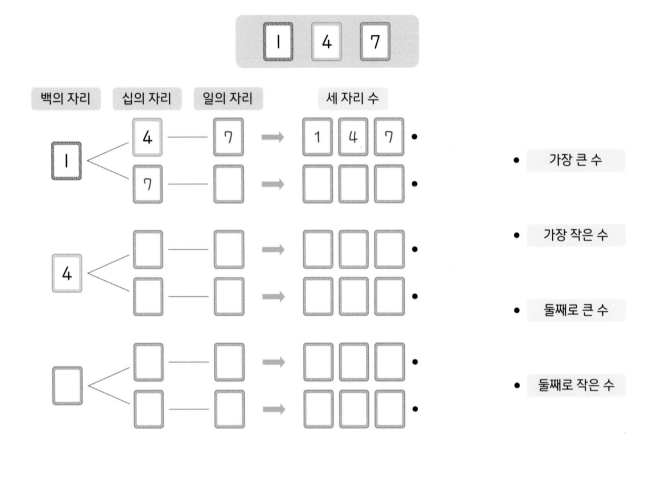

몇째로 큰 수, 작은 수 만들기

주어진 3장의 숫자 카드를 모두 사용하여 빈칸에 알맞은 수를 써넣으시오.

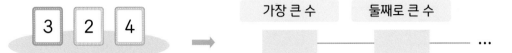

가장 큰 수	둘째로 큰 수
		...

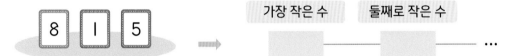

가장 작은 수	둘째로 작은 수
		...

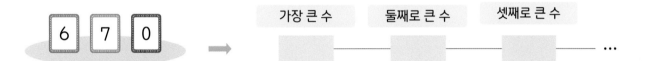

가장 큰 수	둘째로 큰 수	셋째로 큰 수
			...

가장 작은 수	둘째로 작은 수	셋째로 작은 수
			...

Lecture 숫자 카드로 수 만들기

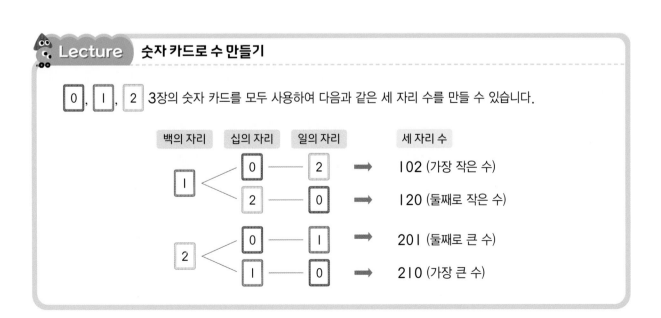

0, 1, 2 3장의 숫자 카드를 모두 사용하여 다음과 같은 세 자리 수를 만들 수 있습니다.

백의 자리	십의 자리	일의 자리	세 자리 수
1	0 — 2		102 (가장 작은 수)
	2 — 0		120 (둘째로 작은 수)
2	0 — 1		201 (둘째로 큰 수)
	1 — 0		210 (가장 큰 수)

대표문제

주어진 4장의 숫자 카드 중 3장을 사용하여 세 자리 수를 만들려고 합니다. 만들 수 있는 수 중 둘째로 큰 수와 셋째로 작은 수의 합을 구해 보시오.

| 0 | 3 | 7 | 1 |

STEP ① 만들 수 있는 세 자리 수 중 가장 큰 수부터 차례로 3개만 써 보시오. 둘째로 큰 수는 무엇입니까?

☐ ─── ☐ ─── ☐

STEP ② 만들 수 있는 세 자리 수 중 가장 작은 수부터 차례로 3개만 써 보시오. 셋째로 작은 수는 무엇입니까?

☐ ─── ☐ ─── ☐

STEP ③ STEP ①과 STEP ②의 결과를 보고 둘째로 큰 수와 셋째로 작은 수의 합을 구해 보시오.

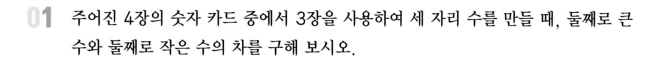

▶ 정답과 풀이 5쪽

01 주어진 4장의 숫자 카드 중에서 3장을 사용하여 세 자리 수를 만들 때, 둘째로 큰 수와 둘째로 작은 수의 차를 구해 보시오.

3   1   9   5

02 주어진 4장의 숫자 카드 중에서 3장을 사용하여 세 자리 수를 만들 때, 500에 가장 가까운 수를 구해 보시오.

4   8   5   2

③ 조건에 맞는 수 만들기

주어진 숫자 카드를 모두 사용하여 |조건|에 맞게 세 자리 수를 만들 때, 각 자리에 올 수 <u>없는</u> 숫자 카드에 ✕표 한 후 조건에 맞는 수를 구해 보시오. 🖨️온라인 활동지

| 보기 |

| 조건 |
① 400보다 큰 수
→ 백의 자리 2, 3에 ✕표 하기
② 홀수
→ 일의 자리 짝수에 ✕표 하기

➡️ 423

각 자리에 올 수 있는 숫자 카드

※ 숫자 카드를 한 번씩만 사용해야 하므로 433, 443은 조건에 맞지 않습니다.

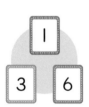

| 조건 |
① 300보다 크고 700보다 작은 수
② 짝수

➡️

각 자리에 올 수 있는 숫자 카드

백	십	일
1	1	1
3	3	3
6	6	6

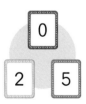

| 조건 |
① 십의 자리 수가 2보다 작은 수
② 5로 나누어떨어지는 수

➡️

각 자리에 올 수 있는 숫자 카드

백	십	일
0	0	0
2	2	2
5	5	5

조건에 맞는 수 만들기

주어진 숫자 카드를 모두 사용하여 |조건|에 맞는 세 자리 수를 모두 만들어 보시오.

🖨 온라인 활동지

| 1 | 3 | 7 |

┤ 조건 ├
300보다 작은 세 자리 수

➡ ⬚ , ⬚

| 2 | 5 | 8 |

┤ 조건 ├
홀수인 세 자리 수

➡ ⬚ , ⬚

| 0 | 4 | 9 |

┤ 조건 ├
일의 자리 수가 5보다 작은 세 자리 수

➡ ⬚ , ⬚ , ⬚

Lecture 조건에 맞는 수 만들기

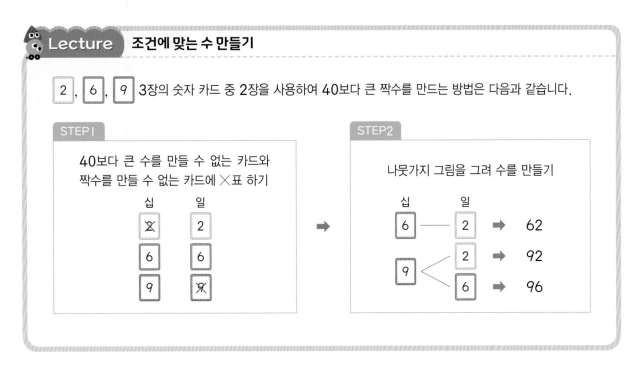

[2], [6], [9] 3장의 숫자 카드 중 2장을 사용하여 40보다 큰 짝수를 만드는 방법은 다음과 같습니다.

STEP1

40보다 큰 수를 만들 수 없는 카드와
짝수를 만들 수 없는 카드에 ✕표 하기

십	일
✗	2
6	6
9	✗

STEP2

나뭇가지 그림을 그려 수를 만들기

십   일
[6] — [2] ➡ 62
          [2] ➡ 92
[9] <
          [6] ➡ 96

대표문제

그림과 같은 자물쇠가 있습니다. 이 자물쇠는 |조건|에 맞게 버튼을 눌러야만 열 수 있습니다.

┤ 조건 ├

① 각 색깔별로 1개의 버튼을 눌러야 합니다.

② 초록색 버튼의 수는 5보다 커야 합니다.

③ 노란색 버튼의 수는 홀수여야 합니다.

④ 똑같은 수가 쓰인 버튼을 누를 수 없습니다.

이 자물쇠를 열 수 있는 방법을 모두 찾아 위쪽에서 아래쪽으로 버튼의 숫자를 차례로 써 보시오.

STEP 1 초록색 버튼과 노란색 버튼 중에서 누를 수 <u>없는</u> 수를 모두 찾아 ✕표 하시오.

| 7 | 5 | 2 | 6 |
| 7 | 5 | 2 | 6 |

STEP 2 오른쪽 그림은 초록색 — 노란색 — 파란색 버튼을 차례로 누를 때, 누를 수 있는 수를 나뭇가지 그림으로 나타낸 것입니다. |조건|④에 주의하여 빈칸에 알맞은 수를 써넣으시오.

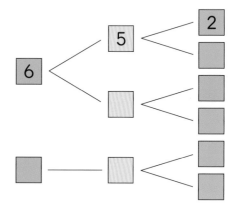

STEP 3 STEP 2 의 결과를 보고 자물쇠를 열 수 있는 방법을 모두 찾아 써 보시오.

| 6 | 5 | 2 | | | | | | |

01 주어진 3장의 숫자 카드를 모두 사용하여 만들 수 있는 세 자리 짝수는 모두 몇 개인지 구해 보시오.

| 0 | | I | | 8 |

02 주어진 4장의 숫자 카드 중 3장을 사용하여 조건을 만족하는 세 자리 수를 모두 몇 개 만들 수 있는지 구해 보시오.

만들어야 하는 세 자리 수의 조건은
700보다 작은 수이고,
십의 자리에는 홀수만 들어가야 해.

Creative 팩토

01 마라톤 대회에 참가한 선수 120명의 등번호를 만들어야 합니다. 등번호는 001번 부터 120번까지이며, 각 등번호는 $\boxed{0}$ 부터 $\boxed{9}$ 까지의 숫자 카드를 붙여서 만듭니다. 필요한 숫자 카드는 모두 몇 장인지 구해 보시오.

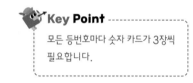

Key Point

모든 등번호마다 숫자 카드가 3장씩 필요합니다.

02 주어진 4장의 숫자 카드를 모두 사용하여 네 자리 수를 만들려고 합니다. 둘째로 큰 수와 셋째로 작은 수의 차를 구해 보시오.

$\boxed{1}$ $\boxed{2}$ $\boxed{3}$ $\boxed{0}$

03 주어진 4장의 숫자 카드 중에서 3장을 사용하여 세 자리 수를 만들 때, 555보다 큰 짝수는 모두 몇 개인지 구해 보시오.

| 0 | 4 | 5 | 6 |

04 5월 1일부터 일기를 쓰기 시작한 서윤이는 5월 한 달 동안 매일 일기를 썼습니다. 서윤이가 일기장의 날짜란에 쓴 숫자 중에서 5는 모두 몇 개인지 구해 보시오.

날짜	날씨
5 월 13 일 수 요일	맑음

오늘은 학교를 마치고 엄마와 같이 마트에 장을 보러 갔다. 마트에서는 새로운 햄 시식 행사를 하고 있어서

Key Point
5월은 31일까지 있습니다.

④ 숫자 카드 배열하기

주어진 4장의 숫자 카드를 모두 사용하여 |조건|에 맞게 숫자 카드를 놓아 보시오.

🖨 온라인 활동지

| 1 | 1 | 2 | 2 |

┌ 조건 ├
2와 2 사이에는 2장의 카드가 놓여 있습니다.

➡ | 2 | | | | 2 |

┌ 조건 ├
1과 1 사이에는 1장의 카드가 놓여 있습니다.

➡ ☐☐☐☐ 또는 ☐☐☐☐

┌ 조건 ├
같은 숫자는 모두 이웃하여 있습니다.

➡ ☐☐☐☐ 또는 ☐☐☐☐

┌ 조건 ├
1은 1끼리 이웃해야 합니다.

➡ ☐☐☐☐ 또는 ☐☐☐☐ 또는 ☐☐☐☐

조건에 맞게 가장 큰 수 만들기

주어진 4장의 숫자 카드를 모두 사용하여 같은 숫자끼리 이웃하지 않게 놓을 때, 가장 큰 수를 만들어 보시오. 📠 온라인 활동지

| 1 | 1 | 2 | 2 |

(1) 4장의 숫자 카드를 모두 사용하여 같은 숫자가 이웃하지 않게 놓아 보시오.

□□□□ 또는 □□□□

(2) (1)에서 만든 수 중 더 큰 수를 써 보시오.

□□□□

Lecture 숫자 카드 배열하기

[3], [3], [4], [4] 4장의 숫자 카드를 조건에 맞게 놓는 방법은 다음과 같습니다.

조건 1	3과 3 사이에 2장의 카드 놓기

➡ [3] [4] [4] [3]

조건 2	4와 4 사이에 1장의 카드 놓기

➡ [4] [3] [4] [3]

또는 [3] [4] [3] [4]

대표문제

주어진 6장의 숫자 카드를 모두 사용하여 |조건|에 맞는 가장 큰 수를 만들어 보시오.

🖨 온라인 활동지

| 1 | | 1 | | 2 | | 2 | | 3 | | 3 |

┌ 조건 ┐

① ⬚1 과 ⬚1 사이에는 1장의 숫자 카드만 들어갑니다.

② ⬚2 와 ⬚2 사이에는 2장의 숫자 카드만 들어갑니다.

③ ⬚3 과 ⬚3 사이에는 3장의 숫자 카드만 들어갑니다.

STEP 1 조건① 에 ⬚1 과 ⬚1 을, 조건② 에 ⬚2 와 ⬚2 를, 조건③ 에 ⬚3 과 ⬚3 을 각각 알맞게 놓아 보시오.

조건 ①

1		1			
	1		1		

STEP 2 조건① 과 조건② 를 만족하도록 ⬚1 , ⬚1 , ⬚2 , ⬚2 를 조건③ 의 나머지 빈칸에 채워 보시오.

조건 ②

STEP 3 STEP2 에서 만든 수 중에서 가장 큰 수를 찾아 써 보시오.

조건 ③

| | | | | | |
| | | | | | |

01 주어진 6장의 수 카드를 모두 사용하여 |조건|에 맞는 수를 만들어 보시오.

온라인 활동지

| 1 | 1 | 2 | 2 | 3 | 3 |

┌ 조건 ┐

① 3 과 3 사이에 있는 수 카드에 적힌 수의 합은 6입니다.

② 2 와 2 사이에 있는 수 카드에 적힌 수의 합은 2입니다.

| | | | | | |

02 다음 |조건|에 맞게 2가지 방법으로 색칠해 보시오.

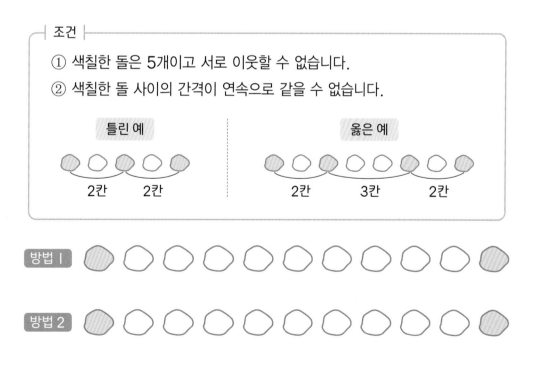

⑤ 조건에 맞는 수 찾기

주어진 수를 보고 ▨ 안에 알맞은 수 또는 말을 써넣으시오.

216

- ▨ 의 자리 수는 5보다 큽니다.

- 백의 자리 수는 ▨ 의 자리 수보다 큽니다.

- 십의 자리 수와 일의 자리 수의 합은 ▨ 입니다.

373

- 각 자리 수의 합은 ▨ 입니다.

- ▨ 의 자리 숫자는 일의 자리 숫자와 같습니다.

- 십의 자리 수는 일의 자리 수보다 ▨ 만큼 더 큽니다.

804

- ▨ 의 자리 수는 1보다 작습니다.

- 백의 자리 수는 일의 자리 수의 ▨ 배입니다.

- 각 자리 수 중에서 ▨ 의 자리 수가 가장 큽니다.

▶ 정답과 풀이 11쪽

조건 상자

다음 조건에 맞는 수를 구해 보시오.

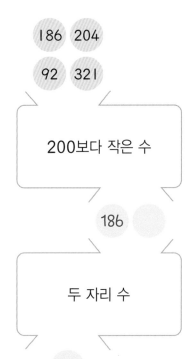

186 204
92 321

200보다 작은 수

186 ◯

두 자리 수

◯

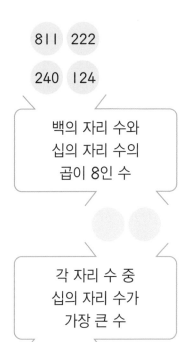

811 222
240 124

백의 자리 수와
십의 자리 수의
곱이 8인 수

◯ ◯

각 자리 수 중
십의 자리 수가
가장 큰 수

◯

Lecture 조건에 맞는 수

100부터 200까지의 세 자리 수 중에서 다음과 같은 조건에 맞는 수를 찾아볼 수 있습니다.

조건 1	각 자리 숫자들이 같은 수	➡	111
조건 2	십의 자리 숫자가 5인 홀수	➡	151, 153, 155, 157, 159
조건 3	각 자리 수의 합이 3인 수	➡	102, 111, 120

다음 | 조건 | 에 맞는 수를 구해 보시오.

> | 조건 |
>
> ① 400보다 작은 세 자리 짝수입니다.
> ② 백의 자리 수와 일의 자리 수의 합은 7입니다.
> ③ 십의 자리 수는 일의 자리 수의 2배입니다.

STEP 1 400보다 작은 세 자리 수의 백의 자리에 올 수 있는 수를 모두 찾아 써 보시오.

STEP 2 짝수일 때, 일의 자리에 올 수 있는 수를 모두 찾아 써 보시오.

STEP 3 | 조건 | ①과 ②를 만족하는 백의 자리 수와 일의 자리 수를 모두 찾아 써 보시오.

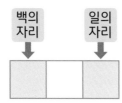

STEP 4 STEP 3의 결과를 보고 | 조건 | ③을 만족하는 십의 자리 수를 찾아 조건에 맞는 수를 구해 보시오.

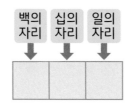

❯ 정답과 풀이 12쪽

01 미주는 100쪽짜리 동화책을 가지고 있습니다. 미주가 가지고 있는 동화책에서 각 자리 수의 합이 8이면서 두 자리 짝수인 쪽수는 모두 몇 쪽인지 구해 보시오.

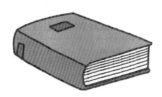

02 다음 |조건|에 맞는 수를 모두 구해 보시오.

┤ 조건 ├
① 200보다 작은 세 자리 수입니다.
② 일의 자리 수는 3으로 나누어떨어집니다.
③ 십의 자리 수는 일의 자리 수보다 2만큼 더 큽니다.

⑥ 팔린드롬 수

팔린드롬 수 알아보기

주어진 수를 '바로 읽기', '거꾸로 읽기'를 하여 팔린드롬 수를 찾아보시오.

앞에서부터 바로 읽어도, 뒤에서부터 거꾸로 읽어도 같은 수를 팔린드롬 수라고 합니다.

바로 읽기 → 242

242

242 ← 거꾸로 읽기

242는 팔린드롬 수가 (맞습니다 , 아닙니다).

바로 읽기 →

22

← 거꾸로 읽기

22는 팔린드롬 수가
(맞습니다 , 아닙니다).

바로 읽기 →

172

← 거꾸로 읽기

172는 팔린드롬 수가
(맞습니다 , 아닙니다).

바로 읽기 →

979

← 거꾸로 읽기

979는 팔린드롬 수가
(맞습니다 , 아닙니다).

바로 읽기 →

2342

← 거꾸로 읽기

2342는 팔린드롬 수가
(맞습니다 , 아닙니다).

바로 읽기 →

1001

← 거꾸로 읽기

1001은 팔린드롬 수가
(맞습니다 , 아닙니다).

❯ 정답과 풀이 **13**쪽

🚂 팔린드롬 수 만들기(1)

☐ 안에 알맞은 수를 써넣어 서로 다른 팔린드롬 수를 만들어 보시오.

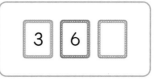

🚂 팔린드롬 수 만들기(2)

가로, 세로, 대각선으로 만들 수 있는 세 자리 팔린드롬 수 3개를 찾아 묶어 보시오.

7	l	9	6
5	0	2	4
4	8	7	3
6	2	6	4

7	9	2	3
l	8	0	8
2	6	4	5
l	4	2	6

대표문제

|보기|와 같이 바로 읽으나 거꾸로 읽으나 같은 수를 팔린드롬 수라고 합니다.

200보다 크고 500보다 작은 세 자리 수 중에서 각 자리 수의 합이 10인 팔린드롬 수를 모두 찾아 써 보시오.

STEP 1 200보다 크고 500보다 작은 세 자리 수의 백의 자리에 쓸 수 있는 수를 모두 찾아 써 보시오.

백의 자리	십의 자리	일의 자리

STEP 2 STEP 1 에서 찾은 백의 자리 수를 보고, 세 자리 팔린드롬 수가 되도록 일의 자리에 쓸 수 있는 수를 모두 찾아 써 보시오.

STEP 3 각 자리 수의 합이 10인 팔린드롬 수가 되도록 나머지 빈 칸에 알맞은 수를 써넣으시오.

> 정답과 풀이 **14**쪽

01 세 자리 팔린드롬 수 중에서 가장 큰 짝수와 가장 작은 홀수의 차를 구해 보시오.

02 달력에 있는 날짜를 다음과 같이 수로 나타낸다고 할 때, 1월의 달력에서 날짜가 팔린드롬 수로 나타내어지는 것은 모두 며칠인지 구해 보시오.

> 1월 3일 ➡ 13   1월 14일 ➡ 114

Creative 팩토

01 주어진 6장의 도형 카드를 모두 사용하여 |조건|에 맞게 놓아 보시오.

> **| 조건 |**
>
> ① 2장의 ● 모양 카드 사이에 있는 카드에 그려진 도형의 변의 수를 모두 합하면 6개입니다.
>
> ② 2장의 ◆ 모양 카드 사이에는 다른 카드가 반드시 있습니다.

02 다음 |조건|을 만족하는 세 자리 수를 모두 구해 보시오.

> **| 조건 |**
>
> ① 각 자리 수는 서로 다르고, 모두 5보다 작습니다.
> ② 십의 자리 수는 짝수입니다.
> ③ 5로 나누어떨어집니다.

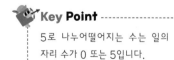

Key Point
5로 나누어떨어지는 수는 일의 자리 수가 0 또는 5입니다.

▶정답과 풀이 15쪽

03 이서가 다니는 수영장의 사물함 번호는 세 자리 팔린드롬 수이며, 일의 자리 숫자가 7입니다. 이 수에 252를 더한 값은 각 자리 숫자가 모두 같습니다. 이서가 다니는 수영장의 사물함 번호를 구해 보시오.

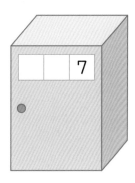

04 원영이가 말한 것을 보고 원영이의 자전거 자물쇠의 비밀번호를 구해 보시오.

내 자전거 자물쇠의 비밀번호는 세 자리 팔린드롬 수야. 백의 자리 수와 십의 자리 수의 합이 11이면서 가장 큰 홀수야.

01 |보기|와 같은 방법으로 숫자가 적힌 종이를 점선을 따라 3조각으로 자른 후 다시 붙여 네 자리 수를 만들 때, 둘째로 큰 수를 구해 보시오.

02 주어진 6장의 수 카드를 모두 사용하여 이웃한 두 수의 차가 항상 1보다 크게 되도록 놓아 가장 큰 수를 만들어 보시오. 🖥 온라인 활동지

▶ 정답과 풀이 16쪽

03 다음은 어느 해 9월의 달력입니다. 같은 해 10월부터 12월까지의 달력에 숫자 1은 모두 몇 번 쓰이는지 구해 보시오.

04 다음과 같이 시각을 두 자리 수, 세 자리 수, 네 자리 수로 나타낼 때, 오전 9시 와 오전 11시 사이의 시각을 나타낸 수가 팰린드롬 수가 되는 때는 모두 몇 번인 지 구해 보시오.

| 9시 8분 ➡ 98 | 10시 6분 ➡ 106 |
| 9시 13분 ➡ 913 | 10시 22분 ➡ 1022 |

01 주어진 수가 1단계 팔린드롬 수인지 알아보는 방법입니다. 물음에 답해 보시오.

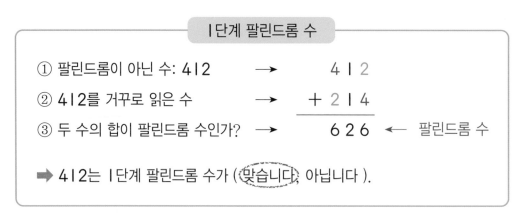

> ### 1단계 팔린드롬 수
>
> ① 팔린드롬이 아닌 수: 412　　→　　　　4 1 2
>
> ② 412를 거꾸로 읽은 수　　→　　＋2 1 4
>
> ③ 두 수의 합이 팔린드롬 수인가?　→　　　6 2 6　←　팔린드롬 수
>
> ➡ 412는 1단계 팔린드롬 수가 (맞습니다, 아닙니다).

(1) 주어진 수가 1단계 팔린드롬 수인지 알아보시오.

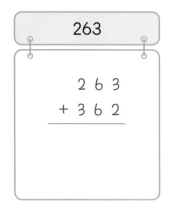

263은 1단계 팔린드롬 수가
(맞습니다, 아닙니다).

801은 1단계 팔린드롬 수가
(맞습니다, 아닙니다).

(2) 나만의 세 자리 수인 1단계 팔린드롬 수를 4개 만들어 보시오.

02 6장의 수 카드를 주어진 모양과 같이 배열할 때, |조건|에 맞는 배열을 모두 찾아 보시오. 🖨 온라인 활동지

|조건|

① 같은 수 카드는 붙어 있을 수 없습니다.

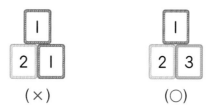

② 2층과 3층에 들어가는 세 수의 합은 1층에 들어가는 세 수의 합과 같습니다.

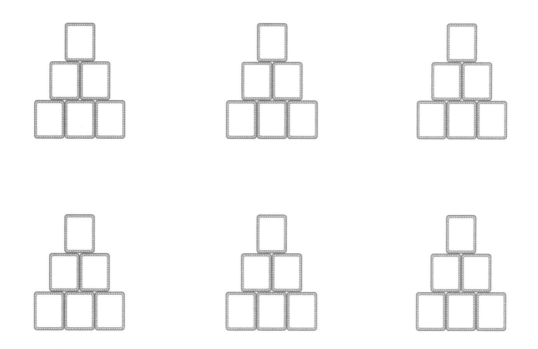

II

퍼즐

① 노노그램

 **노노그램의 규칙**

노노그램의 규칙에 따라 ▨ 안을 알맞게 색칠해 보시오.

규칙

① 위에 있는 수는 세로줄에 연속하여 색칠된 칸의 수를 나타냅니다.

② 왼쪽에 있는 수는 가로줄에 연속하여 색칠된 칸의 수를 나타냅니다.

③ 연속하는 수 사이에는 빈칸이 있어야 합니다.

예

	2	1	1 ← 빈칸
2		1칸	1칸
1	1칸		빈칸
1 1	2칸		1칸

빈칸 ∨	4	1	1	3
1 2	1칸	빈칸	1칸	2칸
2 1	1칸	2칸	빈칸	1칸
1 1	1칸	빈칸	빈칸	1칸
3	1칸	2칸	3칸	

| 보기 |

〈3칸 연속하여 색칠하기〉

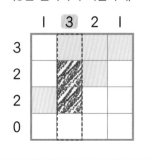

〈2칸 연속하여 색칠하기〉

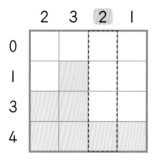

〈3칸 연속하여 색칠하기〉

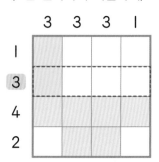

| 보기 |

〈1칸, 2칸 띄어 색칠하기〉

〈1칸, 2칸 띄어 색칠하기〉

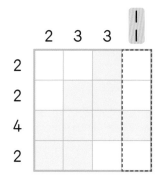

〈1칸, 2칸 띄어 색칠하기〉

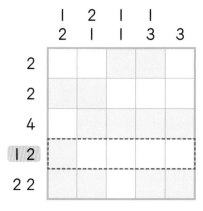

> 정답과 풀이 **18**쪽

 노노그램의 전략

노노그램을 해결하는 전략에 따라 빈칸을 알맞게 색칠해 보시오.

· 전략 ·

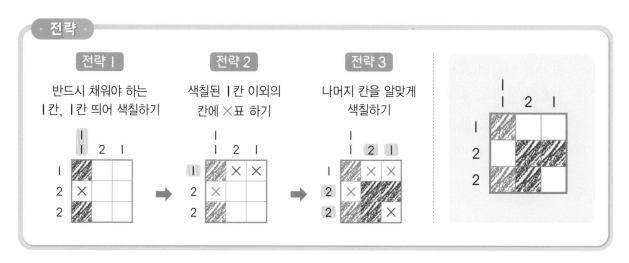

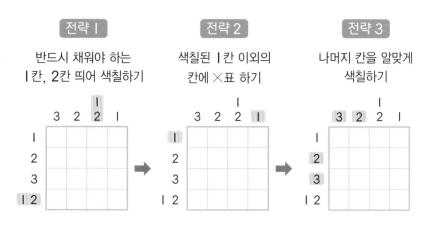

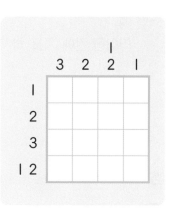

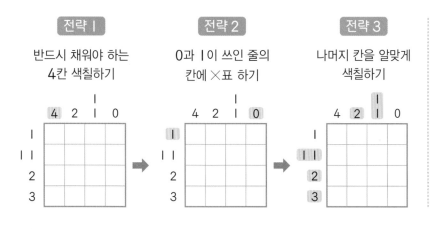

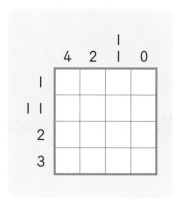

대표문제

노노그램의 규칙에 따라 빈칸을 알맞게 색칠해 보시오.

┌ 규칙 ┐

① 위에 있는 수는 세로줄에 연속하여 색칠된 칸
　의 수를 나타냅니다.

② 왼쪽에 있는 수는 가로줄에 연속하여 색칠된
　칸의 수를 나타냅니다.

③ 연속하는 수 사이에는 빈칸이 있어야 합니다.

STEP 1 ㅣ3 , 3ㅣ 이 쓰인 줄을 알맞게 색칠하고,
띄어진 칸에 ✕표 하시오.

STEP 2 ㅣ 이 쓰인 줄에서 색칠된 ㅣ칸 이외의 칸에
✕표 하시오.

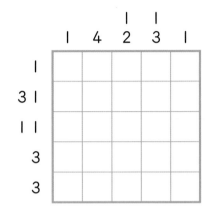

STEP 3 나머지 칸을 알맞게 색칠해 보시오.

01 노노그램의 |규칙|에 따라 빈칸을 알맞게 색칠해 보시오.

┤ 규칙 ├

① 위에 있는 수는 세로줄에 연속하여 색칠된 칸의 수를 나타냅니다.

② 왼쪽에 있는 수는 가로줄에 연속하여 색칠된 칸의 수를 나타냅니다.

③ 연속하는 수 사이에는 빈칸이 있어야 합니다.

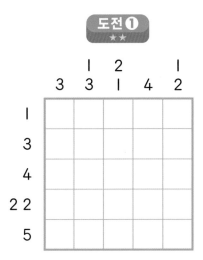

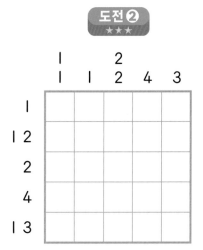

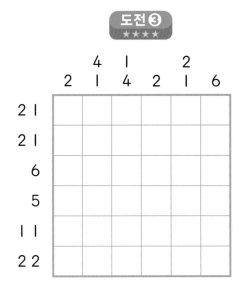

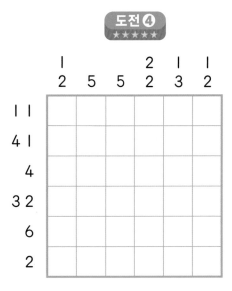

② 길 찾기 퍼즐

길 찾기 퍼즐의 규칙

길 찾기 퍼즐의 규칙에 따라 두더지가 집까지 가는 길의 칸의 수를 세어 ◯ 안에 써넣으시오.

규칙

① ◯ 안의 수는 두더지가 집으로 갈 때 지나가는 칸의 수입니다.

② 두더지는 가로나 세로로만 갈 수 있습니다.

③ 한 번 지난 칸은 다시 지날 수 없고, 서로 다른 두더지는 같은 칸을 지날 수 없습니다.

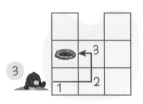

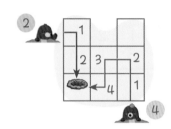

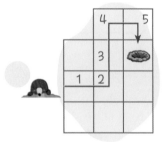

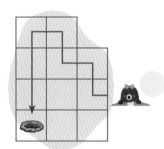

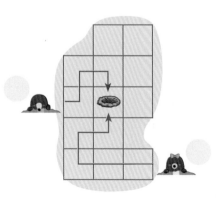

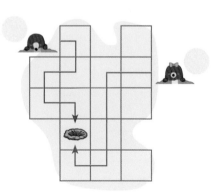

> 정답과 풀이 **20**쪽

🧩 길 찾기 퍼즐의 해결

길 찾기 퍼즐의 규칙에 따라 두더지가 집까지 가는 길을 그려 보시오.

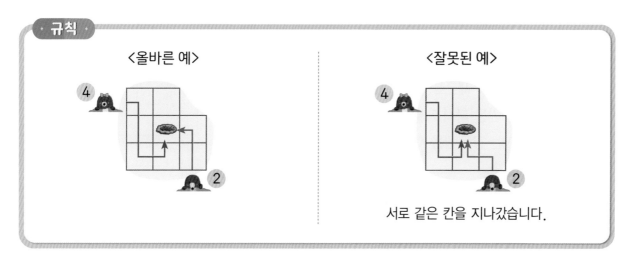

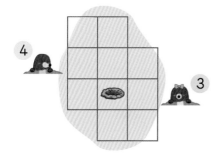

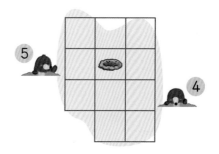

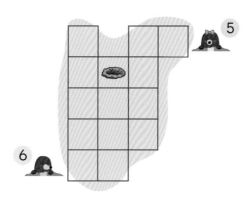

길 찾기 퍼즐의 ┤규칙├에 따라 두더지가 집까지 가는 길을 그려 보시오.

┤규칙├

① ⚪ 안의 수는 두더지가 집으로 갈 때 지나가는 칸의 수입니다.

② 두더지는 가로나 세로로만 갈 수 있습니다.

③ 한 번 지난 칸은 다시 지날 수 없고, 서로 다른 두더지는 같은 칸을 지날 수 없습니다.

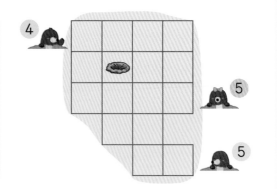

STEP ① 왼쪽 두더지가 ④ 칸을 지나 집까지 가는 방법 2가지를 찾아 그려 보시오.

방법1   방법2

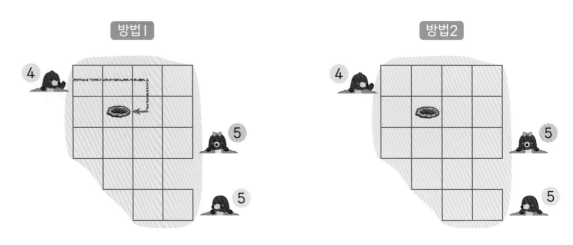

STEP ② STEP ①의 방법1 에서 ┤규칙├에 맞게 🦔⑤ 와 🦔⑤ 두더지가 집까지 가는 길을 그릴 수 있는지 알아보시오.

STEP ③ STEP ①의 방법2 에서 ┤규칙├에 맞게 🦔⑤ 와 🦔⑤ 두더지가 집까지 가는 길을 그릴 수 있는지 알아보시오.

01 길 찾기 퍼즐의 │규칙│에 따라 두더지가 집까지 가는 길을 그려 보시오.

┤ 규칙 ├

① ● 안의 수는 두더지가 집으로 갈 때 지나가는 칸의 수입니다.

② 두더지는 가로나 세로로만 갈 수 있습니다.

③ 한 번 지난 칸은 다시 지날 수 없고, 서로 다른 두더지는 같은 칸을 지날 수 없습니다.

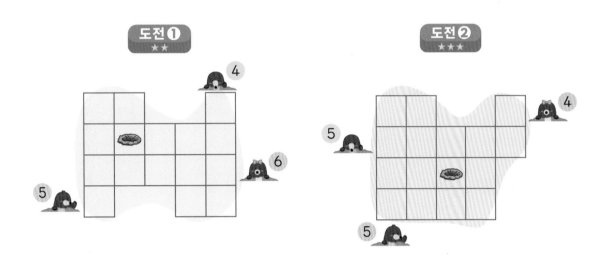

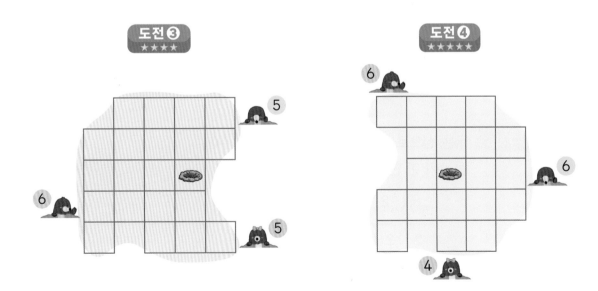

③ 스도쿠

스도쿠의 규칙

스도쿠의 규칙에 따라 ▨ 안에 알맞은 수를 써넣으시오.

규칙1 가로줄의 각 칸에 주어진 수가 한 번씩만 들어갑니다.

1, 2, 3, 4

1	3	2	4
4	2	3	1
2	1	4	3
3	4	1	2

← 1, 2, 3, 4 중 3 빠짐

1, 2, 3, 4

1	4	3	
2	3	1	4
4	1	2	
3	2	4	1

규칙2 세로줄의 각 칸에 주어진 수가 한 번씩만 들어갑니다.

1, 2, 3, 4

1	2	4	3
4	3	1	2
3	4	2	1
2	1	3	4

↑
1, 2, 3, 4 중 2 빠짐

1, 2, 3, 4

4	3	1	2
2	1	3	4
1	2	4	3
3			1

규칙3 굵은 선으로 나누어진 부분의 각 칸에 주어진 수가 한 번씩만 들어갑니다.

1, 2, 3, 4

2	3	1	4
4	1	3	2
1	2	4	3
3	4	2	1

← ▦ 안에
1, 2, 3, 4 중
3 빠짐

1, 2, 3, 4

2	1	3	4
3			2
4			1
1	2	4	3

 스도쿠의 전략

스도쿠의 전략에 따라 [ ] 안에 알맞은 수를 써넣으시오.

· 전략 ·

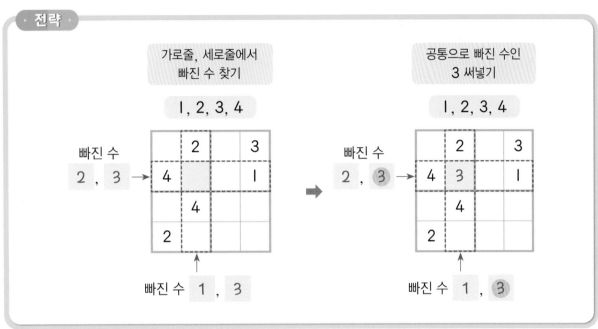

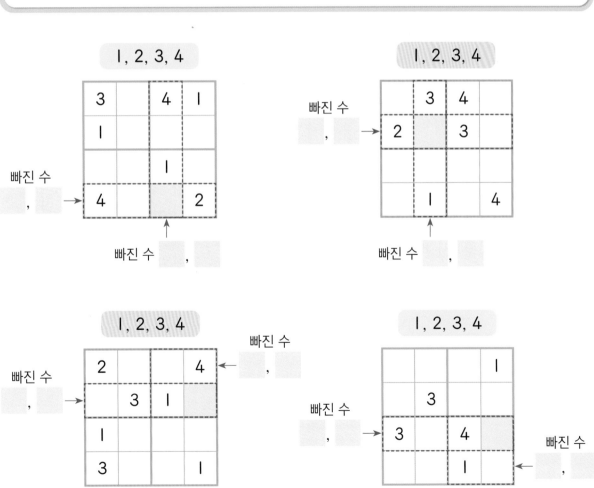

③ 스도쿠

대표문제

스도쿠의 규칙에 따라 빈칸에 알맞은 수를 써넣으시오.

규칙

① 가로줄과 세로줄의 각 칸에 주어진 수가 한 번씩만 들어갑니다.

② 굵은 선으로 나누어진 부분의 각 칸에 주어진 수가 한 번씩만 들어갑니다.

1, 2, 3, 4

		1	4
			2
3			
1	4		

STEP ① ⊞에서 빠진 수를 찾아 ▨ 안에 알맞은 수를 써넣으시오.

STEP ② 가로줄과 세로줄에서 빠진 수를 찾아 ▨ 안에 알맞은 수를 써넣으시오.

STEP ③ 가로줄과 세로줄에서 빠진 수를 찾아 ▨ 안에 알맞은 수를 써넣으시오.

		1	4
			2
3			
1	4		

STEP ④ 나머지 칸에 알맞은 수를 써넣으시오.

01 스도쿠의 |규칙|에 따라 빈칸에 알맞은 수를 써넣으시오.

> ┤ 규칙 ├
>
> ① 가로줄과 세로줄의 각 칸에 주어진 수가 한 번씩만 들어갑니다.
> ② 굵은 선으로 나누어진 부분의 각 칸에 주어진 수가 한 번씩만 들어갑니다.

도전❶ ★★

1, 2, 3, 4

1	2		
4		2	
			3
		1	2

도전❷ ★★★

1, 2, 3, 4

4			3
	2	4	
	3	1	

도전❸ ★★★★

1, 2, 3, 4, 5, 6

1		6		2	
2			6	3	1
6	2	3	1		5
	5		2		
		1		5	6
5		4	3	1	2

도전❹ ★★★★★

1, 2, 3, 4, 5, 6

3	1	2	6		4
4	6			1	3
6		4	3		1
1		3	4		5
	4				2
			1	5	

Creative 팩토

01 | 규칙 |에 따라 빈칸에 알맞은 수를 써넣으시오.

1, 2, 3, 4, 5

┌ 규칙 ├

① 가로줄과 세로줄의 각 칸에 주어진 수가 한 번씩만 들어갑니다.

② 색칠된 도형의 각 칸에 주어진 수가 한 번씩만 들어 갑니다.

2	5	1		4
			2	
		2	4		3
			4	
3	4		1	

02 | 규칙 |에 따라 빈칸을 색칠하여 색칠한 부분을 선을 따라 잘라내었을 때 나올 수 없는 조각을 찾아 기호를 써 보시오.

┌ 규칙 ├

① 위와 왼쪽에 있는 수는 각각 세로줄과 가로 줄에 연속하여 색칠된 칸의 수를 나타냅니다.

② 연속하는 수 사이에는 빈칸이 있어야 합니다.

	2 2	2 1	1	2 2	1 2
1 3					
2 1					
1					
1 2					
2 2					

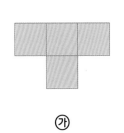　　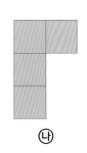　　　　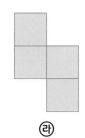　　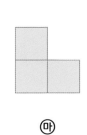

㉮　　　　㉯　　　　㉰　　　　㉱　　　　㉲

03 | 규칙 |에 따라 낚싯대와 물고기를 연결하는 선을 그려 보시오.

┤ 규칙 ├

① ● 안의 수는 낚싯줄이 물고기와 연결될 때 지나가는 칸의 수입니다.

② 각 낚싯대는 서로 다른 물고기 한 마리와 연결됩니다.

③ 낚싯줄은 가로나 세로로만 갈 수 있습니다.

④ 한 번 지난 칸은 다시 지날 수 없고, 서로 다른 낚싯대는 같은 칸을 지날 수 없습니다.

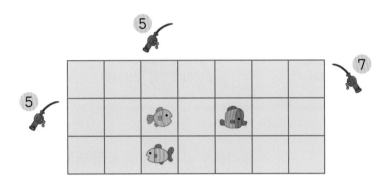

04 | 규칙 |에 따라 시작점과 끝점을 연결하는 선을 이어 보시오.

┤ 규칙 ├

① 위와 왼쪽에 있는 수는 선이 지나가야 하는
세로줄과 가로줄의 점의 개수를 나타냅니다.

② 점과 점은 대각선으로 연결할 수 없습니다.

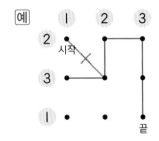

④ 폭탄 찾기 퍼즐

폭탄 찾기 퍼즐의 규칙에 따라 ⬚ 안에 ○, ×를 알맞게 표시해 보시오.

· 규칙 ·

수를 둘러싼 칸에 그 수만큼 폭탄이 숨겨져 있습니다.

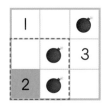

예

1을 둘러싼 칸에는
폭탄이 1개만 있습니다.

2를 둘러싼 칸에는
폭탄이 2개만 있습니다.

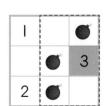

3을 둘러싼 칸에는
폭탄이 3개만 있습니다.

폭탄이 있는 칸을 찾아 ○표 하기

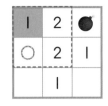

보기

1을 둘러싼 칸에는
폭탄이 1개만 있습니다.

폭탄이 없는 칸을 찾아 ×표 하기

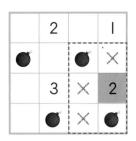

보기

2를 둘러싼 칸에는
폭탄이 2개만 있습니다.

정답과 풀이 **25**쪽

 **폭탄 찾기 퍼즐의 전략**

폭탄 찾기 퍼즐의 전략에 따라 빈칸에 ○, ✕를 알맞게 표시해 보시오.

전략

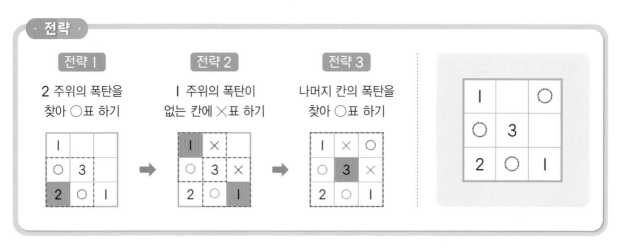

전략 l 2 주위의 폭탄을 찾아 ○표 하기

전략 2 2 주위의 폭탄이 없는 칸에 ✕표 하기

전략 3 나머지 칸의 폭탄을 찾아 ○표 하기

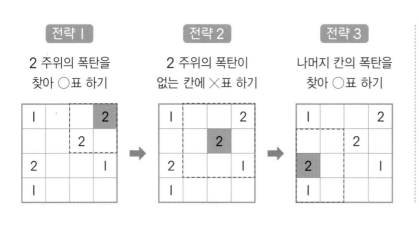

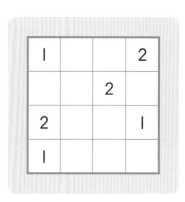

전략 l 3 주위의 폭탄을 찾아 ○표 하기

전략 2 2 주위의 폭탄이 없는 칸에 ✕표 하기

전략 3 나머지 칸의 폭탄을 찾아 ○표 하기

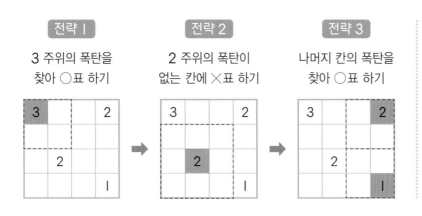

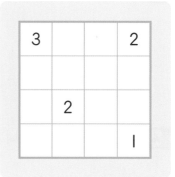

대표문제

폭탄 찾기 퍼즐의 │규칙│에 따라 폭탄을 찾아 ○표 하고, 폭탄의 개수를 구해 보시오.

┤ 규칙 ├

수를 둘러싼 칸에 그 수만큼 폭탄이 숨겨져 있습니다.

1		💣
	💣	3
2	💣	

				3
4	4			
			2	
	2			
				1

STEP 1 4 와 3 주위의 폭탄을 찾아 ○표 하시오.

STEP 2 4 와 2 주위의 폭탄이 없는 칸에 ×표 하시오.

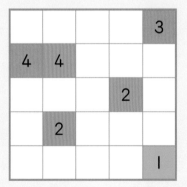

STEP 3 나머지 1 주위의 폭탄을 찾아 ○표 하시오.

STEP 4 폭탄은 모두 몇 개입니까?

01 폭탄 찾기 퍼즐의 ┤규칙├에 따라 폭탄을 찾아 ○표 하고, 폭탄의 개수를 구해 보시오.

┤ 규칙 ├─────────────
수를 둘러싼 칸에 그 수만큼 폭탄이 숨겨져 있습니다.

도전❶
★★

2	2		1
	2		1

폭탄: ☐ 개

도전❷
★★★

		2	
3			
1	1		
			1

폭탄: ☐ 개

도전❸
★★★★

2				2
2		3		
				2
		2		1
3				

폭탄: ☐ 개

도전❹
★★★★★

2				
		3		1
		1		
		2		1

폭탄: ☐ 개

⑤ 가쿠로 퍼즐

가쿠로 퍼즐의 규칙에 따라 ▨ 안에 알맞은 수를 써넣으시오.

규칙1 삼각형(◸) 안의 수는 삼각형의 오른쪽 또는 아래쪽으로 쓰인 수들의 합입니다.

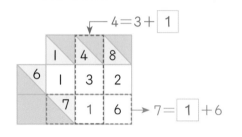

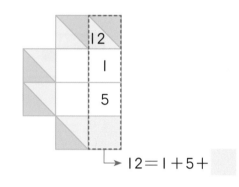

$12 = 1 + 5 + \boxed{}$

규칙2 사각형 모양의 빈칸에는 1부터 9까지의 수를 쓸 수 있습니다.

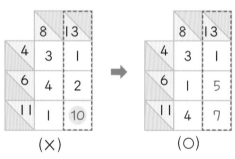

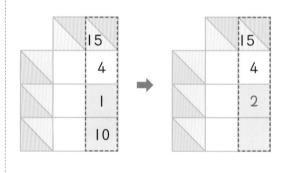

규칙3 삼각형(◸)과 연결된 한 줄에는 같은 수를 쓸 수 없습니다.

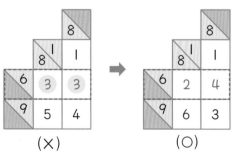

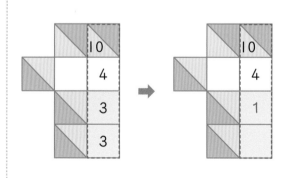

> 정답과 풀이 **27**쪽

가쿠로 퍼즐의 전략

가쿠로 퍼즐의 전략에 따라 빈칸에 알맞은 수를 써넣으시오.

·전략1· 길이가 짧은 줄부터 채웁니다.

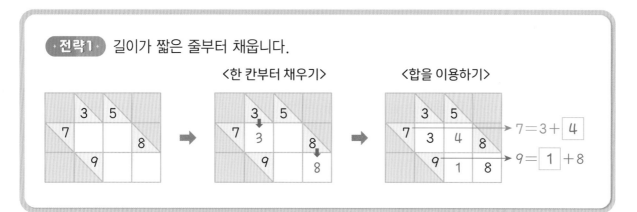

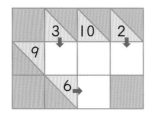

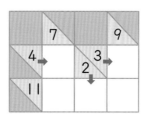

·전략2· 삼각형(◱) 안의 수 중 작은 수부터 가르기를 이용합니다.

<한 칸부터 채우기>   <합을 이용하기>

<잘못된 예>   <올바른 예>

한 줄에 2를 두 번
쓸 수 없음

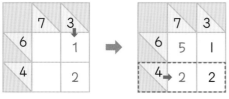

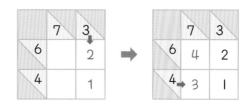

대표문제

가쿠로 퍼즐의 |규칙|에 따라 빈칸에 알맞은 수를 써넣으시오.

┌ 규칙 ├─────────────
① 색칠한 삼각형 안의 수는 삼각형의 오른쪽 또는 아래쪽으로 쓰인 수들의 합입니다.
② 빈칸에는 1부터 9까지의 수를 쓸 수 있습니다.
③ 삼각형과 연결된 한 줄에는 같은 수를 쓸 수 없습니다.

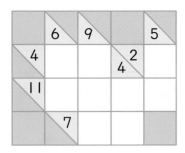

STEP ① ◥2의 오른쪽은 한 칸입니다. ①에 알맞은 수를 써넣으시오.

STEP ② ◥5를 이용하여 ②에 알맞은 수를 써넣으시오.

STEP ③ 한 줄에는 같은 수를 쓸 수 없습니다. ◥4를 이용하여 ③에 알맞은 수를 찾아 써넣으시오.

STEP ④ 한 줄에는 같은 수를 쓸 수 없으므로 ◥4와 ◥6이 만나는 칸인 ④에 들어갈 수 있는 수가 정해집니다. 이 수를 찾아 써넣으시오.

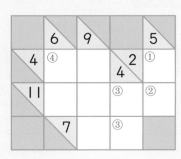

STEP ⑤ 나머지 칸에 알맞은 수를 써넣으시오.

01 가쿠로 퍼즐의 |규칙|에 따라 빈칸에 알맞은 수를 써넣으시오.

| 규칙 |

① 색칠한 삼각형 안의 수는 삼각형의 오른쪽 또는 아래쪽으로 쓰인 수들의 합입니다.

② 빈칸에는 1부터 9까지의 수를 쓸 수 있습니다.

③ 삼각형과 연결된 한 줄에는 같은 수를 쓸 수 없습니다.

도전❶
★★

도전❷
★★★

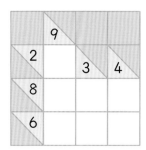

도전❸
★★★★

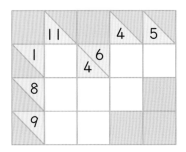

도전❹
★★★★★

⑥ 화살표 퍼즐

화살표 퍼즐의 규칙에 따라 미로를 빠져나가는 곳에 도착 표시를 하시오.

규칙1

화살표가 가리키는 방향으로 움직이다가 다른 화살표를 만나면 방향을 바꾸어 움직입니다.

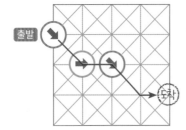

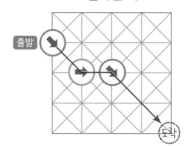

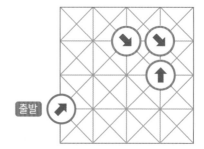

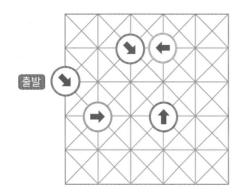

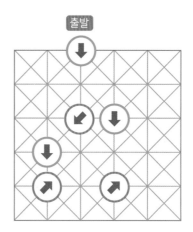

> 정답과 풀이 **29**쪽

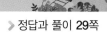

화살표 퍼즐의 규칙 2, 3

화살표 퍼즐의 규칙에 따라 ⊛ 안에 화살표를 알맞게 그려 넣으시오.

규칙2

같은 색의 ⊛은 같은 방향을, 다른 색의 ⊛은 다른 방향을 나타냅니다.

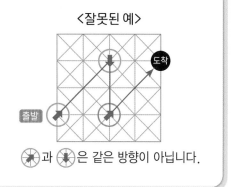

〈잘못된 예〉

⊛과 ⬇은 같은 방향이 아닙니다.

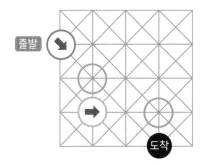

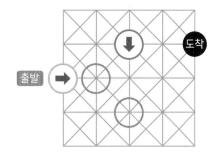

규칙3

모든 화살표를 지나 **도착**으로 나와야 합니다.

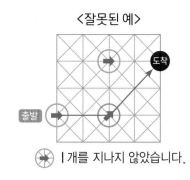

〈잘못된 예〉

⊛ 1개를 지나지 않았습니다.

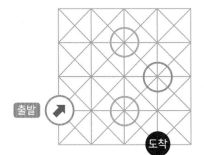

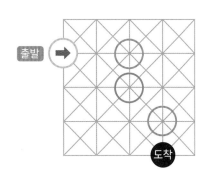

대표문제

화살표 퍼즐의 |규칙|에 따라 ⊕ 안에 화살표를 알맞게 그려 넣으시오.

┤ 규칙 ├

① 화살표가 가리키는 방향으로 움직이다가 다른 화살표를 만나면 방향을 바꾸어 움직입니다.

② 모든 화살표를 지나 도착으로 나와야 합니다.

③ 같은 색의 ⊕은 같은 방향, 다른 색의 ⊕은 다른 방향을 나타냅니다.

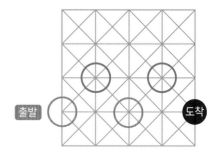

STEP ① ⊕가 도착으로 가는 경우인 방법 1 에서 ⊕의 화살표는 어떤 방향이어야 하는지 그려 보시오. 이때 ⊕도 ⊕와 같게 그려 보시오.

STEP ② STEP①의 경우 모든 화살표를 지나 도착으로 갈 수 있는 ⊕의 방향을 그릴 수 있습니까?

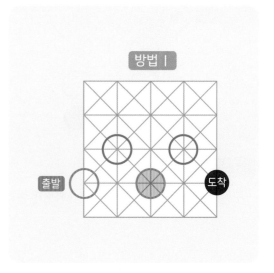

STEP ③ ⊕이 도착으로 가는 경우인 방법 2 에서 ⊕의 화살표는 어떤 방향이어야 하는지 그려 보시오. 이때 ⊕도 ⊕와 같게 그려 보시오.

STEP ④ STEP③의 경우 모든 화살표를 지나 도착으로 갈 수 있는 ⊕의 방향을 그릴 수 있습니까?

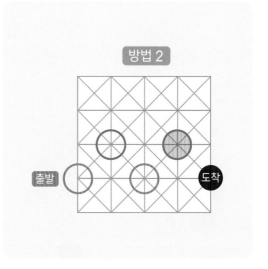

01 화살표 퍼즐의 │규칙│에 따라 ⊕ 안에 화살표를 알맞게 그려 넣으시오.

─┤ 규칙 ├─

① 화살표가 가리키는 방향으로 움직이다가 다른 화살표를 만나면 방향을 바꾸어 움직입니다.

② 모든 화살표를 지나 **도착**으로 나와야 합니다.

③ 같은 색의 ⊕은 같은 방향, 다른 색의 ⊕은 다른 방향을 나타냅니다.

도전 ❶
★★

도전 ❷
★★★

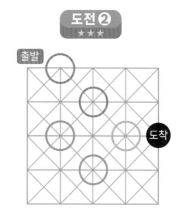

도전 ❸
★★★★

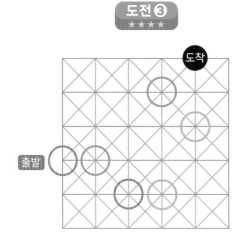

도전 ❹
★★★★★

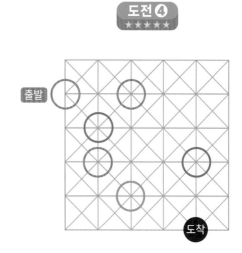

Creative 팩토

01 |규칙|에 따라 폭탄을 찾아 ○표 하시오.

┌─ 규칙 ┐

수를 둘러싼 칸에 그 수만큼 폭탄이 숨겨져 있습니다.

2	○	○
○	5	4
2	○	○

2	○
3	○
○	2

2	○
○	2

2			1
	2		
			1
1	3		
		2	
3			

02 |규칙|에 따라 ⊛ 안에 화살표를 알맞게 그려 넣고, 미로를 빠져나가는 곳에 도착 표시를 하시오.

┌─ 규칙 ┐

① 화살표가 가리키는 방향으로 움직이다가 다른 화살표를 만나면 방향을 바꾸어 움직입니다.
② 모든 화살표를 지나 도착 으로 나와야 합니다.
③ 같은 색의 ⊛은 같은 방향, 다른 색의 ⊛은 다른 방향을 나타냅니다.

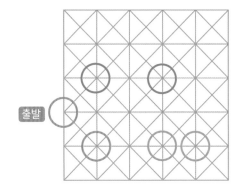

03 |규칙|에 따라 빈칸에 알맞은 수를 써넣으시오.

┌ 규칙 ┐

① 색칠한 삼각형 안의 수는 삼각형의 오른쪽 또는 아래쪽으로 쓰인 수들의 합입니다.

② 빈칸에는 1부터 9까지의 수를 쓸 수 있습니다.

③ 삼각형과 연결된 한 줄에는 같은 수를 쓸 수 없습니다.

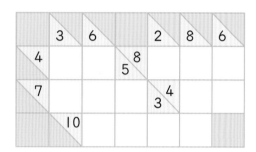

04 |규칙|에 따라 폭탄을 찾아 ○표 하시오.

┌ 규칙 ┐

수를 둘러싼 칸에 그 수만큼 폭탄이 숨겨져 있습니다.

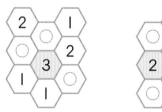

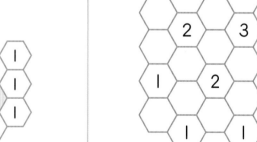

01 |규칙|에 따라 빈칸에 알맞은 수를 써넣으시오.

┤ 규칙 ├

① 작은 수는 같은 색 블록 안에 들어갈 수들의 합을 나타냅니다.

② 가로줄과 세로줄의 각 칸에 1부터 4까지의 수가 한 번씩만 들어갑니다.

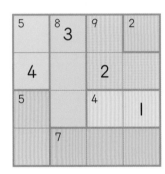

02 |규칙|에 따라 보물이 있는 곳을 모두 찾아 표시해 보시오.

┤ 규칙 ├

① ▲은 보물이 있는 곳입니다.

② 가로줄과 세로줄에 보물이 1개씩 있습니다.

③ 보물을 둘러싼 곳에는 다른 보물이 없습니다.

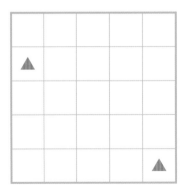

03 |규칙|에 따라 빈칸에 알맞은 수를 써넣으시오.

> |규칙|
>
> ① 가로줄과 세로줄의 각 칸에 주어진 수가 한 번씩만 들어갑니다.
> ② 굵은 선으로 나누어진 부분의 각 칸에 주어진 수가 한 번씩만 들어갑니다.
> ③ ●에는 홀수, ■에는 짝수가 들어갑니다.

1, 2, 3, 4, 5, 6

1		6		4	
■	3	●	2	1	■
6	1		4	●	
	5		■	2	
5		●		■	
2		1	5		4

04 |규칙|에 따라 빈칸을 알맞게 색칠해 보시오.

> |규칙|
>
> ① 위와 왼쪽에 있는 수는 각각 세로줄과 가로줄에 연속하여 색칠된 칸의 수를 나타냅니다.
> ② 연속하는 수 사이에는 빈칸이 있어야 합니다.

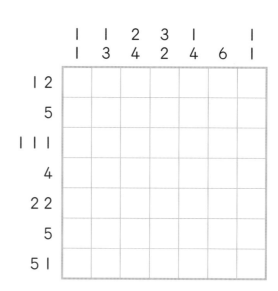

01 |규칙|에 따라 빈칸에 알맞은 수를 써넣으시오.

> |규칙|
>
> ① 가로줄과 세로줄의 각 칸에 주어진 수가 한 번씩만 들어갑니다.
>
> ② 굵은 선으로 나누어진 부분의 각 칸에 주어진 수가 한 번씩만 들어갑니다.
>
> ③ ⬀의 화살표 방향은 ⬀을 둘러싼 4개의 칸 중 가장 큰 수를 가리킵니다.

$$1, 2, 3, 4, 5, 6$$

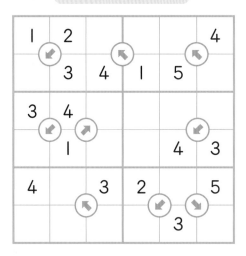

Key Point

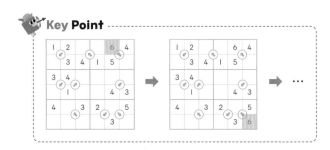

02 |규칙|에 따라 빈칸에 알맞은 수를 써넣으시오.

┤ 규칙 ├

① 가로줄과 세로줄에 1, 2, 3이 한 번씩만 들어갑니다.
② 출발 지점부터 중심까지 시계 방향으로 길을 따라가면서 1, 2, 3, 1, 2, 3…의
  규칙으로 수가 반복됩니다.

예 출발 ➡

	1	2		3	
2		3			1
	3	1	2		
			3	1	2
1				2	3
3	2			1	

출발 ➡

	1			3
		3		2
3				
	2		3	

출발 ➡

		1		3
	3			2
			1	
2				

III

측정

학습 Planner

계획한 대로 공부한 날은 😊에, 공부하지 못한 날은 😞에 ◯표 하세요.

공부할 내용	공부할 날짜		확 인
1 눈금이 지워진 자	월	일	😊 | 😞
2 고장난 시계	월	일	😊 | 😞
3 달력	월	일	😊 | 😞
Creative 팩토	월	일	😊 | 😞
4 움푹 파인 도형의 둘레	월	일	😊 | 😞
5 가짜 금화 찾기	월	일	😊 | 😞
6 모빌	월	일	😊 | 😞
Creative 팩토	월	일	😊 | 😞
Perfect 경시대회	월	일	😊 | 😞
Challenge 영재교육원	월	일	😊 | 😞

① 눈금이 지워진 자

물건의 길이 재기

숫자의 일부가 지워진 자를 이용하여 물건의 길이를 재어 보시오.

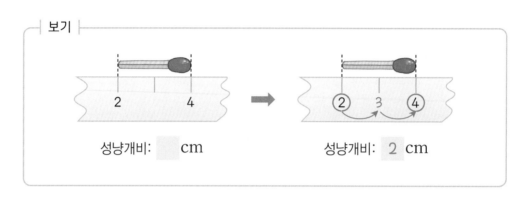

보기

성냥개비: cm   성냥개비: 2 cm

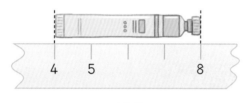

물감: cm

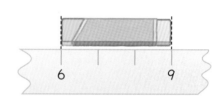

지우개: cm

색연필: cm

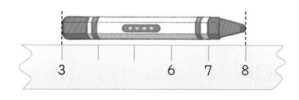

크레파스: cm

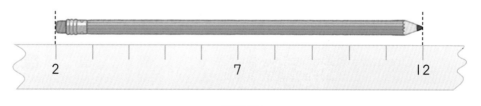

연필: cm

 잴 수 있는 길이

다음 주어진 블록을 옆으로 이어 붙여 잴 수 있는 길이를 구해 보시오.

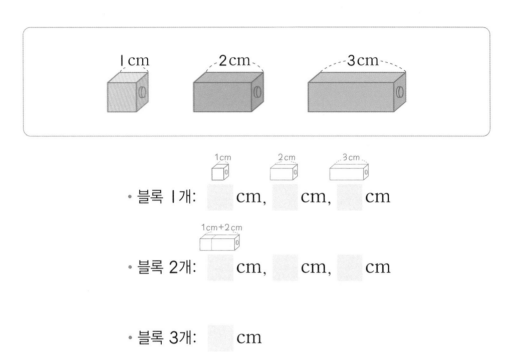

- 블록 1개: cm,   cm,   cm

- 블록 2개: cm,   cm,   cm

- 블록 3개: cm

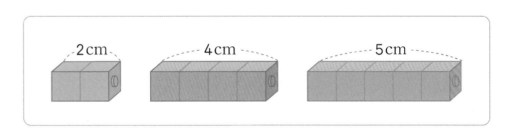

- 블록 1개: cm,   cm,   cm

- 블록 2개: cm,   cm,   cm

- 블록 3개: cm

대표문제

지민이의 오래된 자는 양쪽 끝이 잘려 나가고, 눈금도 군데군데 지워져 있습니다. 이 자를 이용하여 잴 수 있는 길이를 모두 찾아보시오.

STEP ① 오래된 자를 남아 있는 눈금끼리의 간격만 알 수 있는 다른 막대 자로 바꿔 보시오.

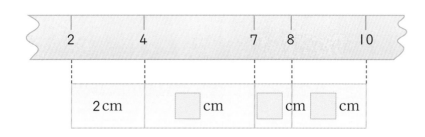

STEP ② STEP ①의 막대 자를 이용하여 막대 개수에 알맞게 잴 수 있는 길이를 모두 구해 보시오.

옆으로 붙인 막대 수	막대 모양	잴 수 있는 길이
1	2cm 3cm 1cm 2cm （2cm, 3cm, 1cm 표시）	1cm, 2cm, 3cm
2	2cm 3cm 1cm 2cm （5cm 표시）	5cm
3	2cm 3cm 1cm 2cm	
4	2cm 3cm 1cm 2cm	

STEP ③ 잴 수 있는 길이를 모두 찾아보시오.

01 주어진 자의 간격을 이용하여 1cm 간격으로 1cm부터 10cm까지의 길이 중 잴 수 <u>없는</u> 길이를 구해 보시오.

1cm	4cm	2cm	3cm

02 주어진 자의 간격을 이용하여 1cm 간격으로 1cm부터 8cm까지의 길이를 잴 때, 2cm와 6cm는 잴 수 없습니다.

3cm	4cm	1cm

이 자에 눈금 1개를 더 그어 1cm 간격으로 1cm부터 8cm까지의 길이를 모두 잴 수 있게 하였습니다. 다음 중 눈금을 <u>잘못</u> 그은 것은 어느 것입니까?

① | 1cm | 2cm | 4cm | 1cm |

② | 2cm | 1cm | 4cm | 1cm |

③ | 3cm | 1cm | 3cm | 1cm |

④ | 3cm | 3cm | 1cm | 1cm |

② 고장 난 시계

고장 난 시계의 긴바늘과 짧은바늘을 알맞게 그려 보시오.

정확한 시계	12:00	1:00	2:00
I 시간마다 I0분씩 빠르게 가는 시계			
I 시간마다 I5분씩 느리게 가는 시계			
I 시간마다 20분씩 빠르게 가는 시계			
I 시간마다 30분씩 느리게 가는 시계			

고장 난 시계의 빨라진, 느려진 시간 구하는 방법

▦ 안에 알맞은 수를 써넣으시오.

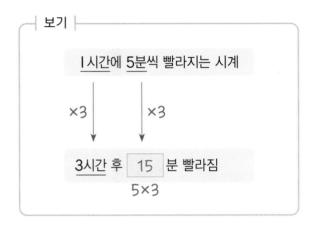

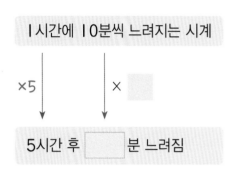

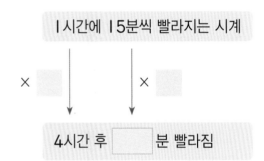

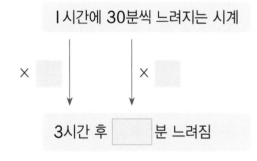

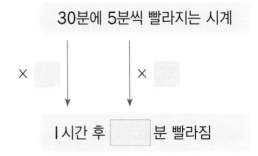

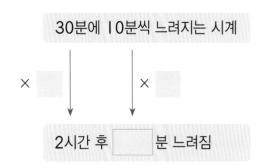

대표문제

I시간에 I0분씩 빨리 가는 시계 ㉮와 I시간에 5분씩 느리게 가는 시계 ㉯가 있습니다. 어느 날 낮 I2시에 두 시계를 정확하게 맞추어 놓았다면, 4시간이 지난 후에 두 시계가 가리키는 시각은 몇 분만큼 차이가 나는지 구해 보시오.

STEP 1 ㉮ 시계는 I시간에 I0분씩 빨라지는 시계입니다. 4시간 후 ㉮ 시계는 몇 분 빨라지는지 구해 보시오.

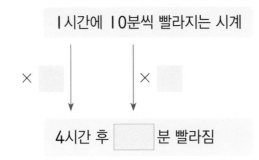

STEP 2 4시간 후 ㉮ 시계는 몇 시 몇 분을 가리키고 있는지 구해 보시오.

STEP 3 ㉯ 시계는 I시간에 5분씩 느려지는 시계입니다. 4시간 후 ㉯ 시계는 몇 분 느려지는지 구해 보시오.

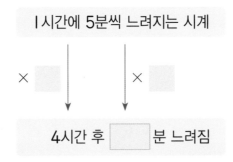

STEP 4 4시간 후 ㉯ 시계는 몇 시 몇 분을 가리키고 있는지 구해 보시오.

STEP 5 STEP 2 와 STEP 4 에서 4시간 후 두 시계 ㉮, ㉯가 가리키는 시각은 몇 분만큼 차이가 나는지 구해 보시오.

01 다음 시계는 1시간에 몇 분씩 빨라지고 있는지 구해 보시오.

3시간 후

02 은우의 시계는 정확하고, 지호의 시계는 1시간에 20분씩 빨라집니다. 오전 10시에 두 사람의 시계를 모두 정확히 맞추었습니다. 은우의 시계가 오후 4시일 때, 지호의 시계는 몇 시 몇 분을 가리키고 있는지 구해 보시오.

며칠 후 날짜

주어진 날의 며칠 후 날짜를 구해 보시오.

┌ 보기 ┐

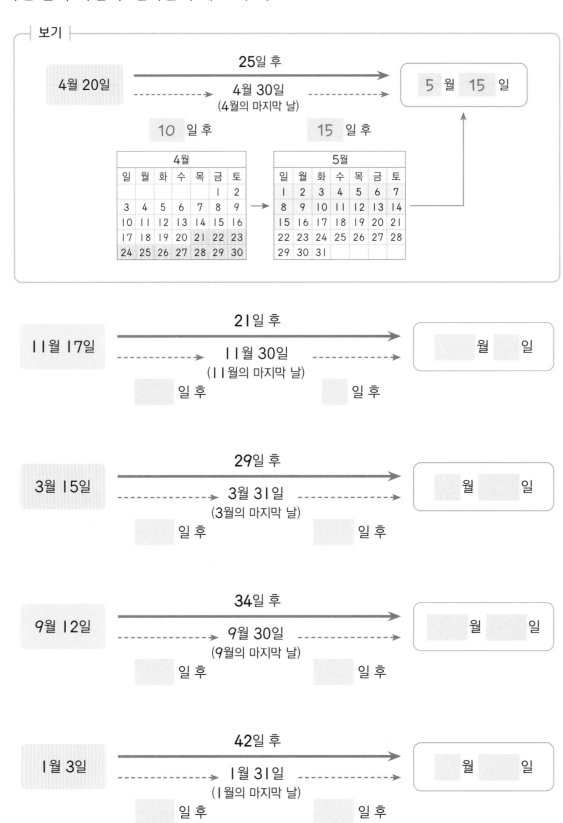

25일 후

4월 20일 ┄┄┄→ 4월 30일 ┄┄┄→ 5 월 15 일
            (4월의 마지막 날)

10 일 후   15 일 후

| 4월 |
일	월	화	수	목	금	토
					1	2
3	4	5	6	7	8	9
10	11	12	13	14	15	16
17	18	19	20	21	22	23
24	25	26	27	28	29	30

| 5월 |
일	월	화	수	목	금	토
1	2	3	4	5	6	7
8	9	10	11	12	13	14
15	16	17	18	19	20	21
22	23	24	25	26	27	28
29	30	31				

21일 후

11월 17일 ┄┄┄→ 11월 30일 ┄┄┄→ ☐ 월 ☐ 일
             (11월의 마지막 날)
      ☐ 일 후   ☐ 일 후

29일 후

3월 15일 ┄┄┄→ 3월 31일 ┄┄┄→ ☐ 월 ☐ 일
            (3월의 마지막 날)
      ☐ 일 후   ☐ 일 후

34일 후

9월 12일 ┄┄┄→ 9월 30일 ┄┄┄→ ☐ 월 ☐ 일
            (9월의 마지막 날)
      ☐ 일 후   ☐ 일 후

42일 후

1월 3일 ┄┄┄→ 1월 31일 ┄┄┄→ ☐ 월 ☐ 일
           (1월의 마지막 날)
      ☐ 일 후   ☐ 일 후

 요일 구하기

주어진 날짜의 며칠 후 요일을 구해 보시오.

보기

특정일의 7일 후, 14일 후, 21일 후, 28일 후, … 는 특정일과 같은 요일입니다.

1월 6일 수요일 ──17일 후──→ 토 요일
⇢ 수요일 ⇢
7 일 후   3 일 후
14 일 후   수, 목, 금, 토

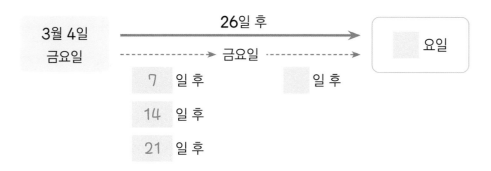

3월 4일 금요일 ──26일 후──→ □ 요일
⇢ 금요일 ⇢
7 일 후   □ 일 후
14 일 후
21 일 후

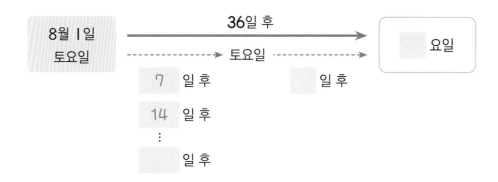

8월 1일 토요일 ──36일 후──→ □ 요일
⇢ 토요일 ⇢
7 일 후   □ 일 후
14 일 후
⋮
□ 일 후

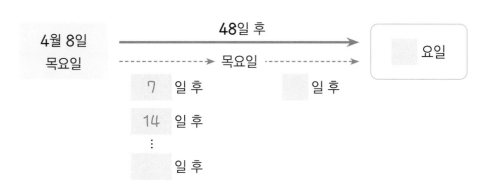

4월 8일 목요일 ──48일 후──→ □ 요일
⇢ 목요일 ⇢
7 일 후   □ 일 후
14 일 후
⋮
□ 일 후

Ⅲ. 측정 **85**

대표문제

어느 해 4월 15일은 일요일입니다. 65일 후 날짜는 몇 월 며칠 무슨 요일인지 구해 보시오.

STEP ① 4월은 며칠까지 있습니까?

STEP ② STEP① 에서 구한 날짜를 이용하여 65일 후 날짜를 구해 보시오.

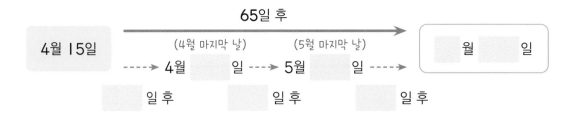

STEP ③ 4월 15일 일요일에서 65일 후의 요일을 구해 보시오.

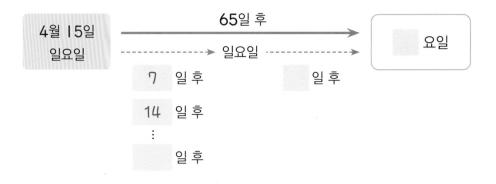

STEP ④ STEP② 와 STEP③ 에서 구한 답을 보고 4월 15일 일요일에서 65일 후 날짜는 몇 월 며칠 무슨 요일인지 구해 보시오.

01 다음은 어느 해 찢어진 3월 달력의 일부분입니다. 오늘은 3월 16일입니다. 오늘부터 80일 후 날짜는 몇 월 며칠 무슨 요일인지 구해 보시오.

02 올해 한글날은 수요일입니다. 100일 후 날짜는 몇 월 며칠 무슨 요일인지 구해 보시오.

01 길이가 8cm인 선분 ㉮㉲에 다음과 같이 3개의 점을 찍었습니다. 이때, 선분 ㉮㉯, 선분 ㉯㉰, 선분 ㉰㉱, 선분 ㉱㉲ 중 길이를 알 수 없는 선분을 모두 찾아보시오. (단, 선분 ㉮㉱의 길이는 5cm이고, 선분 ㉯㉲의 길이는 6cm입니다.)

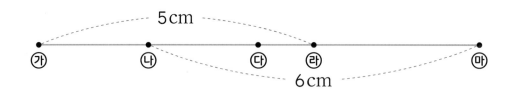

02 고장 난 시계를 10분마다 관찰하여 그 모양을 그린 것입니다. 50분 후의 시계 모양을 그려 보시오.

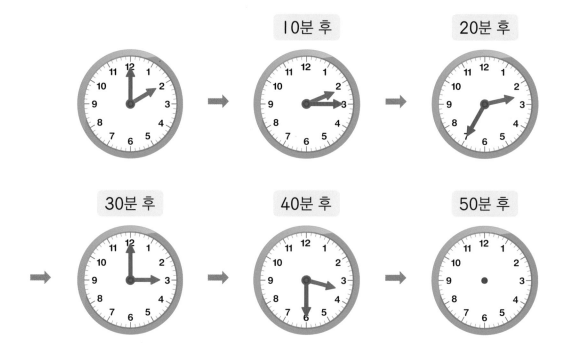

▶ 정답과 풀이 **40**쪽

03 은수네 집 시계는 1시간에 몇 분씩 일정하게 빨라집니다. 어느 날 오전 9시에 시계를 맞춰놓고 같은 날 오후 3시에 시계를 보니 오후 4시였습니다. 고장 난 시계는 1시간에 몇 분씩 빨라지는지 구해 보시오.

04 6월 6일 목요일은 현충일입니다. 같은 해 22일 전 날짜는 몇 월 며칠 어떤 날이고 무슨 요일인지 구해 보시오.

4 움푹 파인 도형의 둘레

여러 가지 방법으로 두 점 잇기

점 ㉮에서 점 ㉯까지 모눈종이 선을 따라 여러 가지 방법으로 서로 다른 선을 그은 후 만들어진 도형의 둘레를 구하고, 알맞은 말에 ○표 하시오. (단, 모눈 1칸의 길이는 1입니다.)

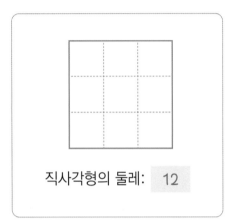

직사각형의 둘레: 12

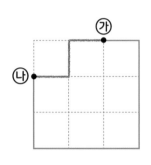

도형의 둘레:

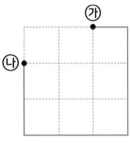

도형의 둘레:

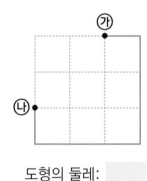

도형의 둘레:

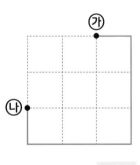

도형의 둘레:

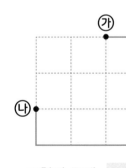

도형의 둘레:

알 수 있는 사실

직사각형의 둘레와 위의 여러 가지 도형의 둘레는 (같습니다 , 다릅니다).

▶ 정답과 풀이 **41**쪽

직각으로 이루어진 도형의 둘레 구하기

직각으로 이루어진 도형의 둘레를 구해 보시오.

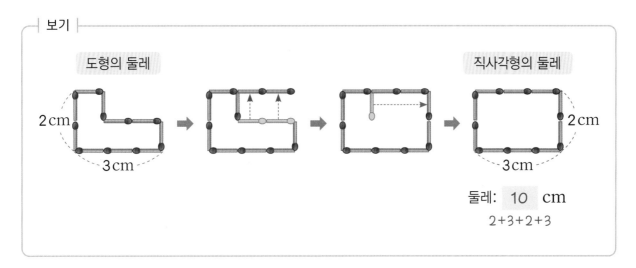

보기

도형의 둘레 　　　　　　　　　　　　　　　　직사각형의 둘레

2 cm　　　3 cm

둘레: 10 cm

2+3+2+3

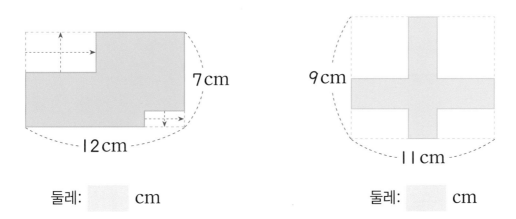

7 cm
12 cm

둘레: ___ cm

9 cm
11 cm

둘레: ___ cm

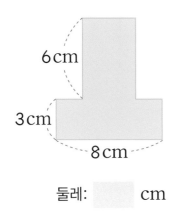

6 cm
3 cm
8 cm

둘레: ___ cm

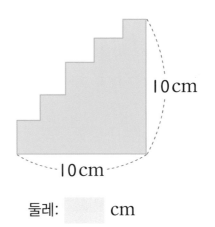

10 cm
10 cm

둘레: ___ cm

대표문제

직각으로 이루어진 도형의 둘레는 몇 cm인지 구해 보시오.

4cm

7cm

10cm

STEP ① 주어진 도형에서 파인 부분의 빨간색 선을 옮겼습니다. 완성된 직사각형의 가로와 세로 길이를 구해 보시오.

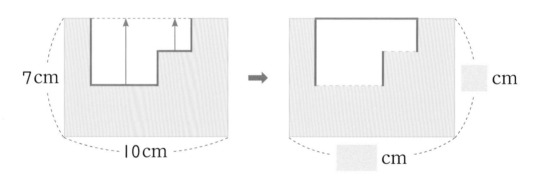

7cm

10cm

cm

cm

STEP ② STEP①의 완성된 직사각형의 둘레를 구해 보시오.

STEP ③ STEP①에서 구하고 남은 파란색 선의 길이의 합을 구해 보시오.

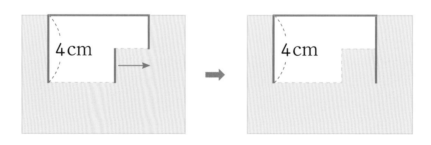

4cm

4cm

STEP ④ STEP②와 STEP③에서 구한 답을 이용하여 주어진 도형의 둘레는 몇 cm인지 구해 보시오.

> 정답과 풀이 **42**쪽

01 다음 도형의 둘레를 구해 보시오.

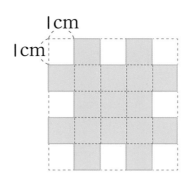

02 다음은 한 변이 5 cm인 정사각형 모양의 종이에 한글 자음 'ㄷ', 'ㄹ'을 글자의 두께가 1 cm가 되게 쓴 것입니다. 각 글자의 둘레를 구해 보시오.

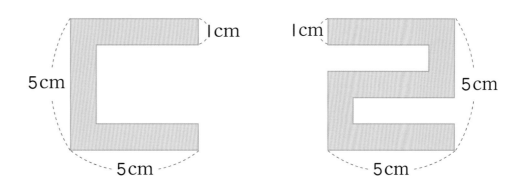

⑤ 가짜 금화 찾기

무거운 가짜 금화 찾기

모양과 크기가 같은 금화 중 무거운 가짜 금화가 1개 있습니다. 가짜 금화를 찾아
안에 알맞은 금화의 번호를 써 보시오.

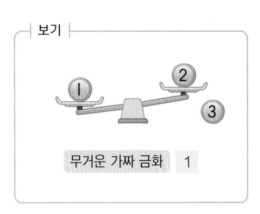

무거운 가짜 금화 　1

무거운 가짜 금화

무거운 가짜 금화

무거운 가짜 금화 　　또는

무거운 가짜 금화

무거운 가짜 금화 　　또는

▶ 정답과 풀이 43쪽

가벼운 가짜 금화 찾기

모양과 크기가 같은 금화 중 **가벼운 가짜 금화**가 1개 있습니다. 가짜 금화를 찾아 ▨ 안에 알맞은 금화의 번호를 쓰고, 저울을 최소 몇 번 사용해야 하는지 알아보시오.

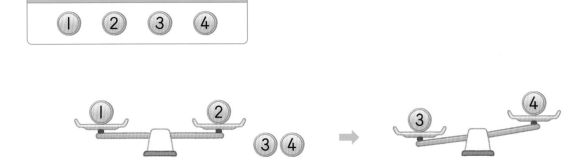

| 4개인 경우 |
| 1 2 3 4 |

가벼운 가짜 금화 3 또는 4   가벼운 가짜 금화 ▨

➡ 금화 4개 중 가벼운 가짜 금화 1개를 찾기 위해서는 저울을 최소 ▨ 번 사용해야 합니다.

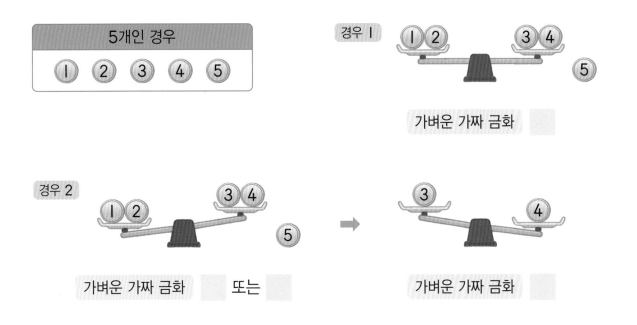

| 5개인 경우 |
| 1 2 3 4 5 |

경우 1

가벼운 가짜 금화 ▨

경우 2

가벼운 가짜 금화 ▨ 또는 ▨   가벼운 가짜 금화 ▨

➡ 금화 5개 중 가벼운 가짜 금화 1개를 찾기 위해서는 저울을 최소 ▨ 번 사용해야 합니다.

대표문제

모양과 크기가 같은 6개의 금화 중 가벼운 가짜 금화가 1개 있습니다. 가짜 금화는 저울을 최소한 몇 번 사용하여 찾을 수 있는지 구해 보시오.

STEP 1 ☐ 안에 알맞은 금화의 번호를 써 보시오.

방법 1 6개의 금화를 2개씩 나누어 찾기

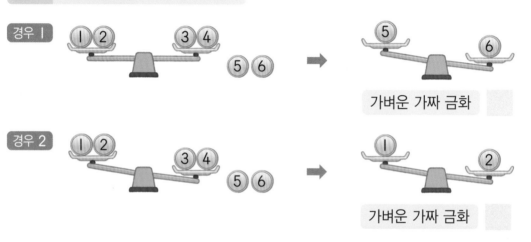

방법 2 6개의 금화를 3개씩 나누어 찾기

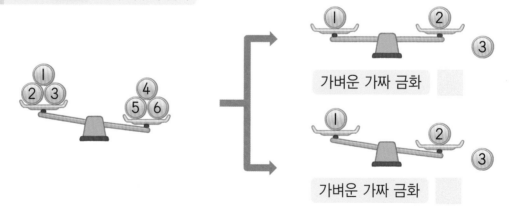

STEP 2 STEP 1 에서 방법 1 과 방법 2 를 보고, 가짜 금화는 저울을 최소한 몇 번 사용해야 찾을 수 있는지 구해 보시오.

01 모양과 크기가 같은 9개의 구슬 중 무거운 구슬이 1개 있습니다. 무거운 구슬은 저울을 최소한 몇 번 사용하여 찾을 수 있는지 구해 보시오.

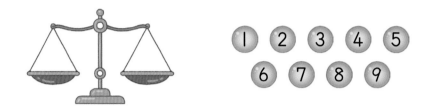

02 주어진 4개의 금화 중 무게를 알 수 없는 가짜 금화 1개가 섞여 있습니다. 저울을 보고 가짜 금화의 번호를 찾고, 가짜 금화는 진짜 금화보다 가벼운지 무거운지 알아 보시오.

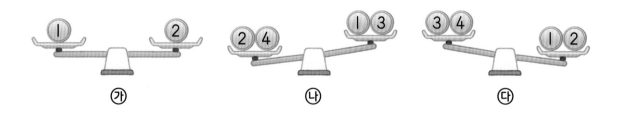

⑥ 모빌

🔹 수평 만들기

저울의 오른쪽에 무게가 1인 추 1개를 알맞게 그려 넣어 수평을 만들어 보시오.
(단, 막대의 무게는 생각하지 않습니다.)

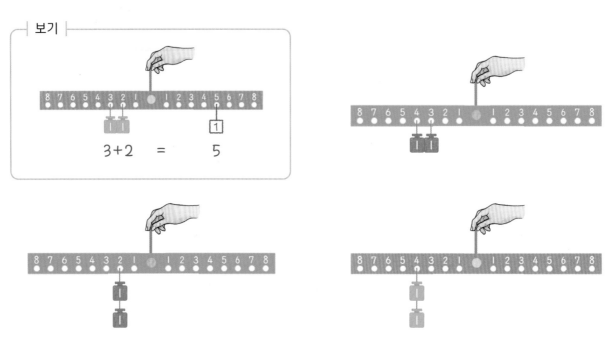

보기

3 + 2 = 5

🔹 추의 무게의 합

저울이 수평이 되도록 ▢ 안에 알맞은 수를 써넣으시오. (단, 막대의 무게는 생각하지
않습니다.)

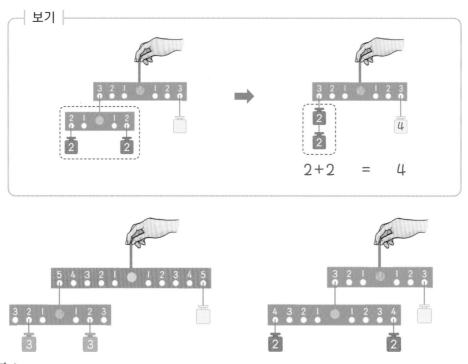

보기

2 + 2 = 4

정답과 풀이 **45**쪽

저울의 추 무게

저울이 수평이 되도록 ▢ 안에 알맞은 수를 써넣으시오. (단, 막대의 무게는 생각하지 않습니다.)

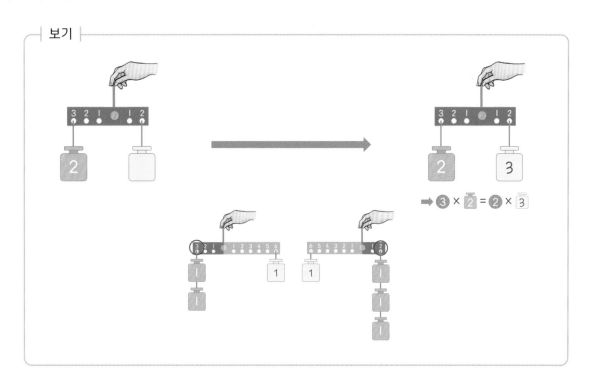

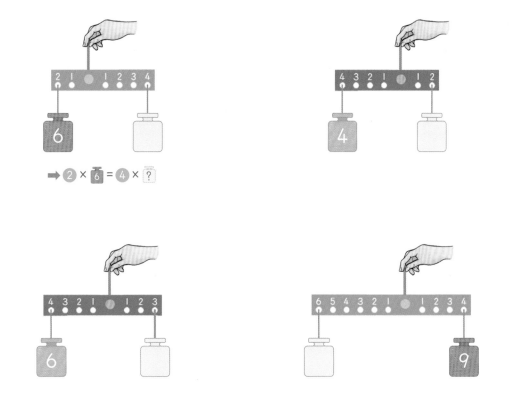

⑥ 모빌

대표문제

은우는 저울에 추를 매달려고 합니다. 저울이 수평이 되도록 [ ] 에 각각 알맞은 무게를 써 넣으시오. (단, 막대의 무게는 생각하지 않습니다.)

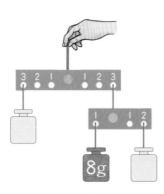

STEP ① 오른쪽 저울에서 [ ] 에 알맞은 추의 무게를 써 보시오.

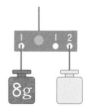

STEP ② STEP ①에서 구한 ㉮ 부분의 전체 무게는 ㉯ 부분의 추의 무게와 같습니다. ㉯ 부분의 추의 무게는 몇 g입니까?

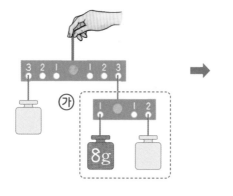 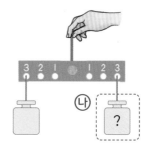

STEP ③ STEP ②에서 구한 답을 이용하여 다음 저울에서 [ ] 에 각각 알맞은 무게를 써 보시오.

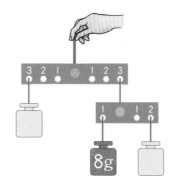

01 모빌에 여러 가지 인형을 매달았습니다. 의 무게는 8g입니다.
와 의 무게를 빈칸에 써넣으시오. (단, 막대의 무게는 생각하지 않습니다.)

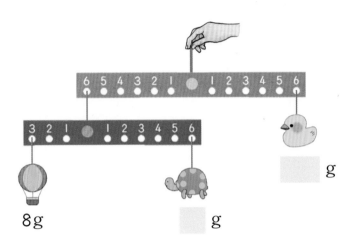

8g   g   g

02 수호는 다음 모빌에 구슬을 매달았습니다. 에 각각 알맞은 무게를 써넣으시오.
(단, 막대의 무게는 생각하지 않습니다.)

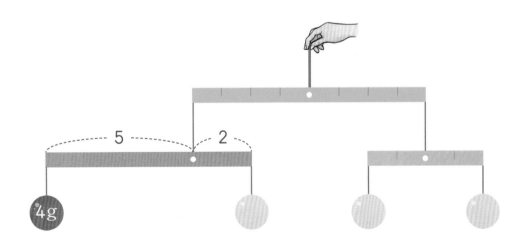

Creative 팩토

01 그림과 같이 직사각형 모양의 종이에서 정사각형 모양의 종이를 3장 잘라내었습니다. 색칠한 부분의 둘레를 구해 보시오.

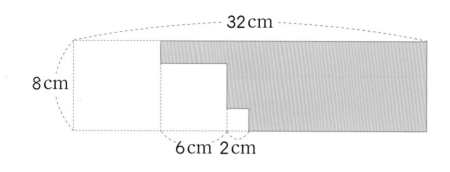

02 한 변이 10cm인 정사각형 모양의 종이를 심술쟁이 염소가 한 입 베어 먹었습니다. 남은 종이의 둘레를 재어 보니 44cm였습니다. 염소가 베어 먹어서 생긴 이빨 자국의 길이를 구해 보시오.

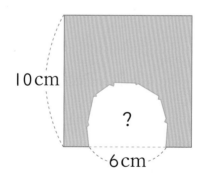

▶ 정답과 풀이 **47**쪽

03 모양과 크기가 같은 빵 5개 중 가벼운 빵 1개가 섞여 있습니다. 양팔 저울을 한 번 사용할 때마다 사용료가 1000원이라면 양팔 저울을 최소한으로 사용하여 가벼운 빵을 찾으려고 할 때, 총 사용료는 얼마인지 구해 보시오.

04 모빌에 매달아 놓은 말 인형의 무게는 2g입니다. 코끼리 인형과 곰 인형 무게를 빈칸에 써넣으시오. (단, 막대의 무게는 생각하지 않습니다.)

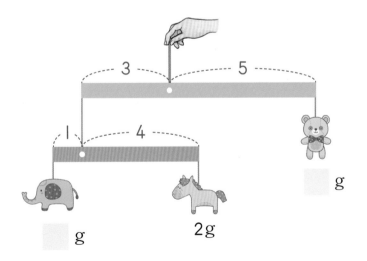

Perfect 경시대회 *

01 모눈종이를 그림과 같이 잘라서 3조각으로 나누었습니다. 각 조각들의 둘레를 모두 더하면 몇 cm인지 구해 보시오.

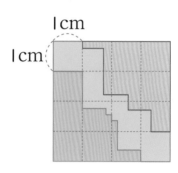

02 다음 그림에서 사각형 ㉮, ㉯, ㉰는 모두 정사각형입니다. 색칠한 부분의 둘레를 구해 보시오.

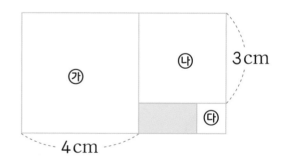

03 모양과 크기가 같은 10개의 구슬에 다음과 같이 번호를 붙였습니다. 이 중 8개는 모두 무게가 같고, 나머지 2개는 서로 무게는 같지만 다른 8개보다 가볍습니다. 다음 양팔 저울을 보고 가벼운 구슬 2개의 번호를 써 보시오.

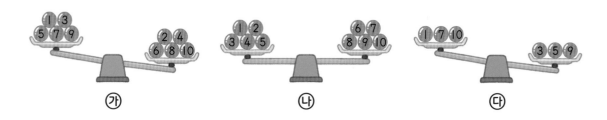

04 수평을 이루고 있는 모빌에 달린 수박, 오렌지 인형의 무게를 각각 구해 보시오. (단, 막대의 무게는 생각하지 않고, 막대 한 칸의 길이는 같습니다.)

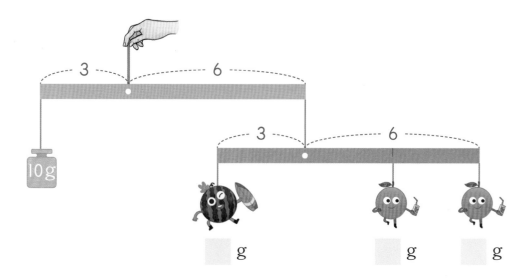

01 어느 도시에서 마라톤 대회를 개최하였습니다. |보기|와 같이 ㉮ 지점에서 출발하여 ㉯, ㉰, ㉱ 지점을 순서에 관계없이 한 번씩만 통과하여 다시 ㉮ 지점으로 돌아오려고 합니다. 지도 위에 마라톤 코스의 길이가 44km가 되도록 서로 다른 코스를 그려 보시오. (단, 한 번 지나간 곳은 다시 지나갈 수 없습니다.)

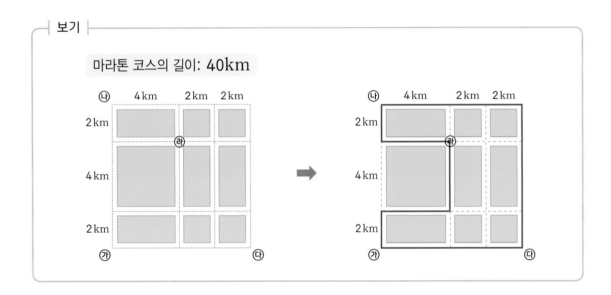

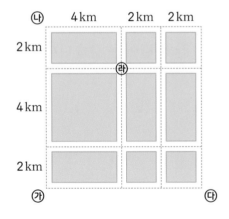

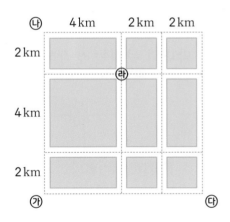

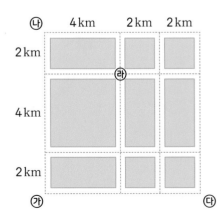

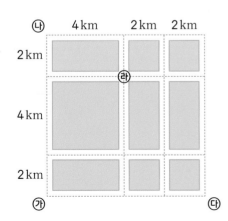

02 모양과 크기가 같은 10개의 금화에 다음과 같이 번호를 붙였습니다. 이 중 8개의 금화의 무게는 8g이고, 나머지 2개는 각각 12g, 13g입니다. 다음 양팔 저울을 보고, 가장 무거운 금화를 찾아보시오.

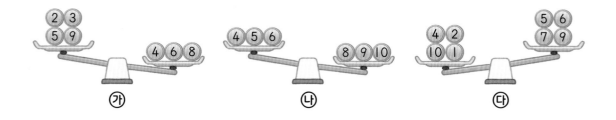

(1) ㉮에서 12g이나 13g 무게의 금화가 될 수 있는 것을 찾아 번호를 써 보시오.

(2) 저울 ㉯에서 13g 무게의 금화가 될 수 있는 것을 찾아 번호를 써 보시오.

(3) (2)에서 찾은 13g 금화와 저울 ㉰를 이용하여 12g 금화를 찾아보시오.

MEMO

영재학급, 영재교육원,
경시대회 준비를 위한

창의사고력
초등수학
팩토

Lv.3
기본 A

형성 평가
총괄 평가

형성평가

 수 영역

시험일시 | 년   월   일

이 름 |

권장 시험 시간   **30분**

- ✔ 총 문항 수(10문항)를 확인해 주세요.
- ✔ 권장 시험 시간(30분) 안에 문제를 풀어 주세요.
- ✔ 문제를 정확히 읽고 답을 바르게 쓰세요.
- ✔ 잘 풀리지 않는 문제가 있으면 쉬운 문제부터 해결한 후 다시 도전해 보세요.

01 연우는 76쪽부터 시작해서 132쪽까지 역사책을 읽었습니다. 연우가 읽은 역사책 쪽수에 쓰여 있는 숫자는 모두 몇 개인지 구해 보시오.

02 주어진 4장의 숫자 카드 중 3장을 사용하여 세 자리 수를 만들려고 합니다. 만들수 있는 수 중 가장 큰 수와 둘째로 작은 수의 차를 구해 보시오.

| 9 | 4 | 5 | 7 |

03 주어진 4장의 숫자 카드 중 3장을 사용하여 조건을 만족하는 세 자리 수를 모두 몇 개 만들 수 있는지 구해 보시오.

400보다 큰 수이고,
십의 자리에는 짝수만 들어갈 수 있어.

04 주어진 6장의 수 카드를 모두 사용하여 | 조건 |에 맞는 가장 큰 수를 만들어 보시오.

| 1 | 1 | 2 | 2 | 3 | 3 |

┌ 조건 ┐
① [3]과 [3] 사이에 있는 수 카드에 적힌 수의 합은 3입니다.
② [2]와 [2] 사이에 있는 수 카드에 적힌 수의 합은 4입니다.

☐ ☐ ☐ ☐ ☐ ☐

05 윤서는 99쪽짜리 소설책을 가지고 있습니다. 윤서가 가지고 있는 소설책에서 각 자리 수의 합이 12이면서 두 자리 홀수인 쪽수는 모두 몇 쪽인지 구해 보시오.

06 주어진 4장의 숫자 카드 중 3장을 사용하여 세 자리 수를 만들 때, 123보다 큰 홀수는 모두 몇 개인지 구해 보시오.

| 0 | 4 | 3 | 1 |

07 주어진 4장의 숫자 카드를 모두 사용하여 네 자리 수를 만들려고 합니다. 셋째로 큰 수와 둘째로 작은 수의 차를 구해 보시오.

$$\boxed{7} \quad \boxed{8} \quad \boxed{3} \quad \boxed{0}$$

08 달력에 있는 날짜를 다음과 같이 수로 나타낸다고 할 때, 4월의 달력에서 날짜가 팔린드롬 수로 나타내어지는 것은 모두 며칠인지 구해 보시오.

1월 1일 ➡ 101   3월 13일 ➡ 313

09 다음 | 조건 |에 맞는 수를 찾아 써 보시오.

> | 조건 |
>
> ① 200보다 작은 세 자리 수입니다.
> ② 백의 자리 수와 십의 자리 수의 합은 5입니다.
> ③ 십의 자리 수는 일의 자리 수의 2배입니다.

10 현준이가 말한 것을 보고 현준이의 비밀 금고의 비밀번호를 구해 보시오.

내 비밀 금고의 비밀번호는
세 자리 팔린드롬 수야.
일의 자리 수는 7보다
큰 홀수이면서 백의 자리 수와
십의 자리 수의 차는 0이야.

수고하셨습니다!

Lv.3 기본 A

형성평가

퍼즐 영역

시험일시	년 월 일
이 름	

권장 시험 시간 30분

✔ 총 문항 수(10문항)를 확인해 주세요.

✔ 권장 시험 시간(30분) 안에 문제를 풀어 주세요.

✔ 문제를 정확히 읽고 답을 바르게 쓰세요.

✔ 잘 풀리지 않는 문제가 있으면 쉬운 문제부터 해결한 후 다시 도전해 보세요.

01 노노그램의 │규칙│에 따라 빈칸을 알맞게 색칠해 보시오.

│ 규칙 │

① 위에 있는 수는 세로줄에 연속하여 색칠된 칸의 수를 나타냅니다.

② 왼쪽에 있는 수는 가로줄에 연속하여 색칠된 칸의 수를 나타냅니다.

③ 연속하는 수 사이에는 빈칸이 있어야 합니다.

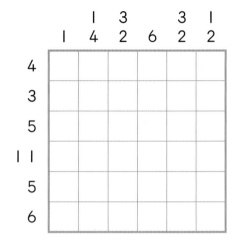

02 길 찾기 퍼즐의 │규칙│에 따라 두더지가 집까지 가는 길을 그려 보시오.

│ 규칙 │

① ⬤ 안의 수는 두더지가 집으로 갈 때 지나가는 칸의 수입니다.

② 두더지는 가로나 세로로만 갈 수 있습니다.

③ 한 번 지난 칸은 다시 지날 수 없고, 서로 다른 두더지는 같은 칸을 지날 수 없습니다.

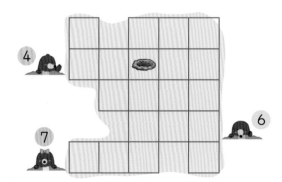

03 폭탄 찾기 퍼즐의 |규칙|에 따라 폭탄을 찾아 ○표 하고, 폭탄의 개수를 구해 보시오.

수를 둘러싼 칸에 그 수만큼 폭탄이 숨겨져 있습니다.

1		💣
	💣	3
2	💣	

2				1
	2			
				1
3		2		
			1	1

04 스도쿠의 |규칙|에 따라 빈칸에 알맞은 수를 써넣으시오.

① 가로줄과 세로줄의 각 칸에 주어진 수가 한 번씩만 들어갑니다.
② 굵은 선으로 나누어진 부분의 각 칸에 주어진 수가 한 번씩만 들어갑니다.

1, 2, 3, 4, 5, 6

2		6		5	4
	5	1		6	2
1	4		2	3	
	6	2	5		
	1	4		2	3
6		3			

05 가쿠로 퍼즐의 |규칙|에 따라 빈칸에 알맞은 수를 써넣으시오.

┤규칙├

① 색칠한 삼각형 안의 수는 삼각형의 오른쪽 또는 아래쪽으로 쓰인 수들의 합입니다.

② 빈칸에는 1부터 9까지의 수를 쓸 수 있습니다.

③ 삼각형과 연결된 한 줄에는 같은 수를 쓸 수 없습니다.

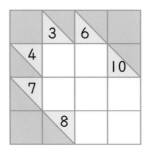

06 화살표 퍼즐의 |규칙|에 따라 ⊕ 안에 화살표를 알맞게 그려 넣으시오.

┤규칙├

① 화살표가 가리키는 방향으로 움직이다가 다른 화살표를 만나면 방향을 바꾸어 움직입니다.

② 모든 화살표를 지나 **도착**으로 나와야 합니다.

③ 같은 색의 ⊕는 같은 방향, 다른 색의 ⊕는 다른 방향을 나타냅니다.

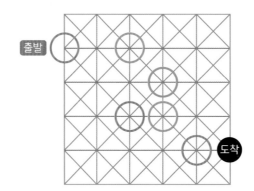

07 |규칙|에 따라 낚시대와 물고기를 연결하는 선을 그려 보시오.

> **규칙**
>
> ① ⬤ 안의 수는 낚시줄이 물고기와 연결될 때 지나가는 칸의 수입니다.
>
> ② 각 낚시대는 서로 다른 물고기 한 마리와 연결됩니다.
>
> ③ 낚시줄은 가로나 세로로만 갈 수 있습니다.
>
> ④ 한 번 지난 칸은 다시 지날 수 없고, 서로 다른 낚시대는 같은 칸을 지날 수 없습니다.

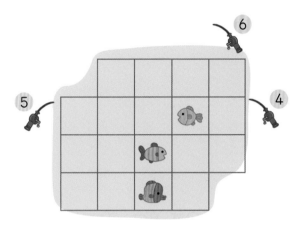

08 가쿠로 퍼즐의 |규칙|에 따라 빈칸에 알맞은 수를 써넣으시오.

> **규칙**
>
> ① 색칠한 삼각형 안의 수는 삼각형의 오른쪽 또는 아래쪽으로 쓰인 수들의 합입니다.
>
> ② 빈칸에는 1부터 9까지의 수를 쓸 수 있습니다.
>
> ③ 삼각형과 연결된 한 줄에는 같은 수를 쓸 수 없습니다.

09 |규칙|에 따라 빈칸에 알맞은 수를 써넣으시오.

1, 2, 3, 4, 5

| 규칙 |

① 가로줄과 세로줄의 각 칸에 주어진 수가 한 번씩만 들어갑니다.

② 색칠된 도형의 각 칸에 주어진 수가 한 번씩만 들어갑니다.

2	1	3		5
1	4		2	
3		1	5	
	3	4		2
				1

10 |규칙|에 따라 폭탄을 찾아 ○표 하고, 폭탄의 개수를 구해 보시오.

| 규칙 |

수를 둘러싼 칸에 그 수만큼 폭탄이 숨겨져 있습니다.

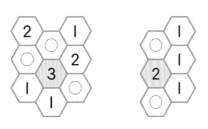

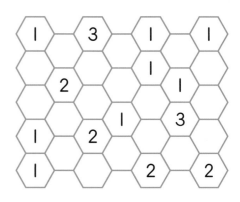

수고하셨습니다!

정답과 풀이 53쪽

형성평가

측정 영역

시험일시	년 월 일
이 름	

권장 시험 시간 30분

✔ 총 문항 수(10문항)를 확인해 주세요.

✔ 권장 시험 시간(30분) 안에 문제를 풀어 주세요.

✔ 문제를 정확히 읽고 답을 바르게 쓰세요.

✔ 잘 풀리지 않는 문제가 있으면 쉬운 문제부터 해결한 후 다시 도전해 보세요.

채점 결과를 매스티안 홈페이지(https://www.mathtian.com)에 방문하여 양식에 맞게 입력해 보세요. 「형성평가 결과지」를 직접 받아보실 수 있습니다.

01 1시간에 6분씩 빨리 가는 시계 ㉮와 1시간에 3분씩 느리게 가는 시계 ㉯가 있습니다. 어느 날 낮 10시에 두 시계를 정확하게 맞추어 놓았다면, 3시간이 지난 후 두 시계가 가리키는 시각은 몇 분만큼 차이가 나는지 구해 보시오.

02 어느 해 5월 24일은 일요일입니다. 100일 후 날짜는 몇 월 며칠 무슨 요일인지 구해 보시오.

03 직각으로 이루어진 도형의 둘레는 몇 cm인지 구해 보시오.

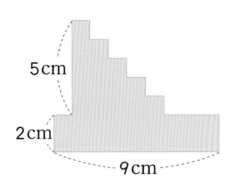

5cm

2cm

9cm

04 모양과 크기가 같은 7개의 금화 중 가벼운 가짜 금화가 1개 있습니다. 가짜 금화는 저울을 최소한 몇 번 사용하여 찾을 수 있는지 구해 보시오.

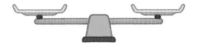 

① ② ③ ④ ⑤ ⑥ ⑦

05 민서는 저울에 추를 매달려고 합니다. 저울이 수평이 되도록 ⬜에 각각 알맞은 무게를 써넣으시오. (단, 막대의 무게는 생각하지 않습니다.)

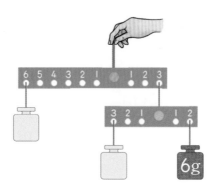

06 주어진 자의 간격을 이용하여 l cm부터 l l cm까지 l cm 간격으로 길이를 재려고 할 때, 잴 수 <u>없는</u> 길이를 모두 구해 보시오.

5cm	2cm	4cm

07 다음 시계는 1시간에 몇 분씩 빨라지고 있는지 구해 보시오.

4시간 후

08 다음은 어느 해 찢어진 6월 달력의 일부분입니다. 오늘은 6월 6일입니다. 오늘 부터 75일 후 날짜는 몇 월 며칠 무슨 요일인지 구해 보시오.

6월

월	화	수	목	금	토
				1	2

09 이준이는 다음 모빌에 구슬을 매달았습니다. 모빌에 매달려 있는 각 구슬의 무게
를 구해 보시오. (단, 막대의 무게는 생각하지 않습니다.)

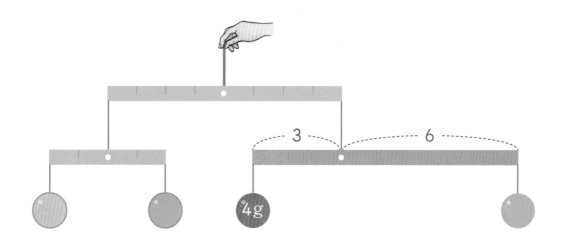

10 그림과 같이 직사각형 모양의 종이에서 정사각형 모양의 종이를 4장 잘라 내었습
니다. 자르고 남은 종이의 둘레를 구해 보시오.

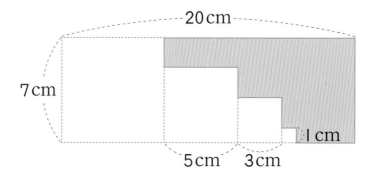

수고하셨습니다!

정답과 풀이 56쪽

총괄평가

 Lv. ❸ 기본 A

권장 시험 시간	30분

시험일시 | 년   월   일

이   름 |

✓ 총 문항 수(10문항)를 확인해 주세요.

✓ 권장 시험 시간(30분) 안에 문제를 풀어 주세요.

✓ 문제를 정확히 읽고 답을 바르게 쓰세요.

✓ 잘 풀리지 않는 문제가 있으면 쉬운 문제부터 해결한 후 다시 도전해 보세요.

01 재석이는 일기장에 3월 1일부터 3월 31일까지 날짜를 모두 썼습니다. 재석이가 쓴 숫자 3의 개수는 모두 몇 개인지 구해 보시오.

02 주어진 4장의 숫자 카드 중 3장을 사용하여 세 자리 수를 만들 때, 가장 큰 수와 가장 작은 수의 합을 구해 보시오.

| 0 | 2 | 5 | 6 |

03 주어진 6장의 숫자 카드를 한 번씩만 사용하여 |조건|에 맞게 놓아 보시오.

| 1 | | 1 | | 2 | | 2 | | 3 | | 3 |

┤ 조건 ├

① ⃞1⃞과 ⃞1⃞ 사이에는 3장의 숫자 카드만 들어갑니다.

② ⃞2⃞와 ⃞2⃞, ⃞3⃞과 ⃞3⃞은 서로 이웃하여 놓여 있지 않습니다.

③ 가장 오른쪽에는 ⃞3⃞이 놓여 있습니다.

| | | | | | | | | | | |

04 영우가 말한 것을 보고 영우의 책상 서랍 자물쇠의 비밀번호를 구해 보시오.

내 책상 서랍 자물쇠의 비밀번호는
400보다 크고 700보다 작은
세 자리 팔린드롬 수 중에서
각 자리 수의 합이 20인 수야.

05 노노그램의 ┤규칙├에 따라 빈칸을 알맞게 색칠해 보시오.

┤ 규칙 ├

① 위에 있는 수는 세로줄에 연속하여 색칠된 칸의 수를 나타냅니다.

② 왼쪽에 있는 수는 가로줄에 연속하여 색칠된 칸의 수를 나타냅니다.

③ 연속하는 수 사이에는 빈칸이 있어야 합니다.

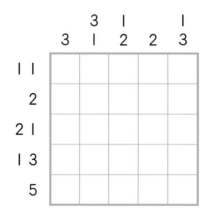

06 길 찾기 퍼즐의 ┤규칙├에 따라 두더지가 집까지 가는 길을 그려 보시오.

┤ 규칙 ├

① 🔘 안의 수는 두더지가 집으로 갈 때 지나가는 칸의 수입니다.

② 두더지는 가로나 세로로만 갈 수 있습니다.

③ 한 번 지난 칸은 다시 지날 수 없고, 서로 다른 두더지는 같은 칸을 지날 수 없습니다.

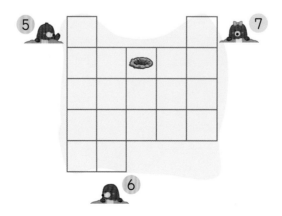

07 폭탄 찾기 퍼즐의 |규칙|에 따라 폭탄을 찾아 ◯표 하고, 폭탄의 개수를 구해 보시오.

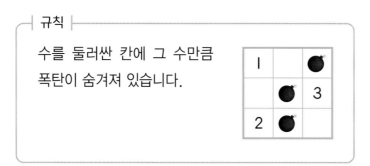

2		3		1
	1		2	
	3			
				3

08 주어진 자의 간격을 이용하여 1cm 간격으로 2cm부터 8cm까지의 길이를 재려고 할 때, 잴 수 <u>없는</u> 길이를 모두 구해 보시오.

2cm	3cm	5cm	7cm

09 다음 도형에서 삼각형과 사각형의 한 변의 길이는 2 cm로 모두 같습니다. 이 도형의
둘레는 몇 cm입니까?

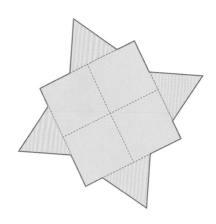

10 다음 모빌에 여러 가지 가방 모양 장식을 매달았습니다. 🧳의 무게가 4g일 때,
👜와 🎒의 무게를 각각 구해 보시오. (단, 막대의 무게는 생각하지 않습니다.)

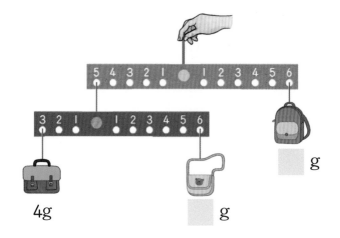

수고하셨습니다!

정답과 풀이 **59쪽** >

창의사고력
초등수학
팩토

팩토는 자유롭게 자신감있게 창의적으로
생각하는 주·니·어·수·학·자입니다.

Free Active Creative Thinking O. Junior mathtian

창의사고력
초등수학
팩토

Lv.**3**

기본 **A**

명확한 답
친절한 풀이

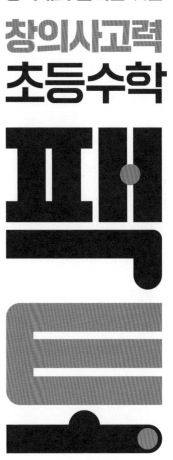

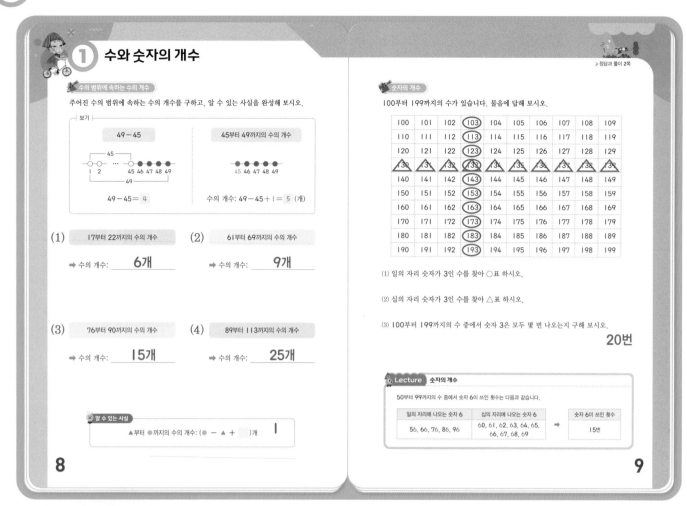

I 수

① 수와 숫자의 개수

▷정답과 풀이 2쪽

수의 범위에 속하는 수의 개수

주어진 수의 범위에 속하는 수의 개수를 구하고, 알 수 있는 사실을 완성해 보시오.

┌ 보기 ┐

| 49 – 45 | | 45부터 49까지의 수의 개수 |

49－45＝ 4

수의 개수: 49－45＋1＝ 5 (개)

(1) 17부터 22까지의 수의 개수

➡ 수의 개수: ___6개___

(2) 61부터 69까지의 수의 개수

➡ 수의 개수: ___9개___

(3) 76부터 90까지의 수의 개수

➡ 수의 개수: ___15개___

(4) 89부터 113까지의 수의 개수

➡ 수의 개수: ___25개___

알 수 있는 사실

▲부터 ●까지의 수의 개수: (● － ▲ ＋)개 1

숫자의 개수

100부터 199까지의 수가 있습니다. 물음에 답해 보시오.

100	101	102	103	104	105	106	107	108	109
110	111	112	113	114	115	116	117	118	119
120	121	122	123	124	125	126	127	128	129
130	131	132	133	134	135	136	137	138	139
140	141	142	143	144	145	146	147	148	149
150	151	152	153	154	155	156	157	158	159
160	161	162	163	164	165	166	167	168	169
170	171	172	173	174	175	176	177	178	179
180	181	182	183	184	185	186	187	188	189
190	191	192	193	194	195	196	197	198	199

(1) 일의 자리 숫자가 3인 수를 찾아 ○표 하시오.

(2) 십의 자리 숫자가 3인 수를 찾아 △표 하시오.

(3) 100부터 199까지의 수 중에서 숫자 3은 모두 몇 번 나오는지 구해 보시오.

___20번___

Lecture 숫자의 개수

50부터 99까지의 수 중에서 숫자 6이 쓰인 횟수는 다음과 같습니다.

일의 자리에 나오는 숫자 6	십의 자리에 나오는 숫자 6		숫자 6이 쓰인 횟수
56, 66, 76, 86, 96	60, 61, 62, 63, 64, 65, 66, 67, 68, 69	➡	15번

8

9

수의 범위에 속하는 수의 개수

(1) 22 － 17 ＋ 1 ＝ 6(개)
(2) 69 － 61 ＋ 1 ＝ 9(개)
(3) 90 － 76 ＋ 1 ＝ 15(개)
(4) 113 － 89 ＋ 1 ＝ 25(개)

숫자의 개수

(3) • 일의 자리에 숫자 3이 나오는 경우:
103, 113, 123, 133, 143, 153, 163, 173, 183, 193 → 10번
• 십의 자리에 숫자 3이 나오는 경우:
130, 131, 132, 133, 134, 135, 136, 137, 138, 139 → 10번
따라서 100부터 199까지의 수 중에서 숫자 3은 모두
10 ＋ 10 ＝ 20(번) 나옵니다.

① 수와 숫자의 개수

대표문제

유진이는 84쪽부터 시작해서 129쪽까지 동화책을 읽었습니다. 유진이가 읽은 동화책 쪽수에 쓰여 있는 숫자는 모두 몇 개인지 구해 보시오. **122개**

STEP ① 84쪽부터 99쪽까지의 수는 몇 개인지 구해 보시오. **16개**

STEP ② STEP ①에서 구한 쪽수는 모두 두 자리 수이고, 각 수마다 2개의 숫자로 이루어져 있습니다. 84쪽부터 99쪽까지의 숫자는 몇 개인지 구해 보시오. **32개**

STEP ③ 100쪽부터 129쪽까지의 수는 몇 개인지 구해 보시오. **30개**

STEP ④ STEP ③에서 구한 쪽수는 모두 세 자리 수이고, 각 수마다 3개의 숫자로 이루어져 있습니다. 100쪽부터 129쪽까지의 숫자는 몇 개인지 구해 보시오. **90개**

STEP ⑤ STEP ②와 STEP ④에서 구한 결과를 보고 유진이가 읽은 동화책 쪽수에 쓰여 있는 숫자는 모두 몇 개인지 구해 보시오. **122개**

10

> 정답과 풀이 3쪽

01 컴퓨터로 1부터 150까지의 수를 입력하려고 합니다. 숫자 자판을 모두 몇 번 눌러야 하는지 구해 보시오. **342번**

02 1쪽부터 112쪽까지 쓰여 있는 역사책이 있습니다. 이 책의 쪽수에서 숫자 7은 모두 몇 번 쓰였는지 구해 보시오. **21번**

11

대표문제

STEP ① 84쪽부터 99쪽까지의 수의 개수는
99−84+1=16(개)입니다.

STEP ② 84는 8과 4 숫자 2개로 구성된 것과 같이, 두 자리 수의 숫자의 개수는 수의 개수의 2배입니다. 수가 16개이므로 숫자는 16×2=32(개)입니다.

STEP ③ 100쪽부터 129쪽까지의 수의 개수는
129−100+1=30(개)입니다.

STEP ④ 세 자리 수의 숫자의 개수는 수의 개수의 3배입니다. 수가 30개이므로 숫자는 30×3=90(개)입니다.

STEP ⑤ 유진이가 읽은 동화책 쪽수에 쓰여 있는 숫자는 모두
32+90=122(개)입니다.

01
- 한 자리 수: 1~9
  → 수의 개수: 9개, 숫자의 개수: 9×1=9(개)
- 두 자리 수: 10~99
  → 수의 개수: 90개, 숫자의 개수: 90×2=180(개)
- 세 자리 수: 100~150
  → 수의 개수: 51개, 숫자의 개수: 51×3=153(개)
따라서 숫자 자판을 모두 9+180+153=342(번) 눌러야 합니다.

02
- 일의 자리에 숫자 7이 들어가는 경우:
  7, 17, 27, 37, 47, 57, 67, 77, 87, 97, 107
  → 11번
- 십의 자리에 숫자 7이 들어가는 경우:
  70, 71, 72, 73, 74, 75, 76, 77, 78, 79 → 10번
따라서 숫자 7은 모두 11+10=21(번) 쓰였습니다.

Ⅰ 수

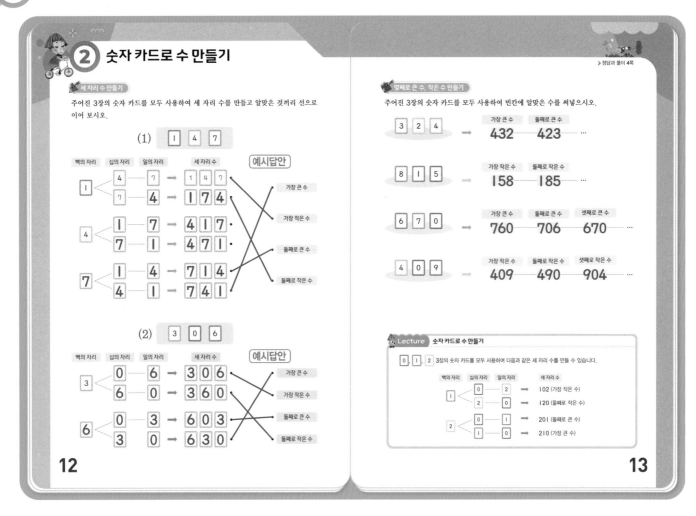

② 숫자 카드로 수 만들기

> 정답과 풀이 4쪽

세 자리 수 만들기

주어진 3장의 숫자 카드를 모두 사용하여 세 자리 수를 만들고 알맞은 것끼리 선으로 이어 보시오.

몇째로 큰 수, 작은 수 만들기

주어진 3장의 숫자 카드를 모두 사용하여 빈칸에 알맞은 수를 써넣으시오.

Lecture 숫자 카드로 수 만들기

12 13

세 자리 수 만들기

(1) 가장 큰 수: 741
가장 작은 수: 147
둘째로 큰 수: 714
둘째로 작은 수: 174

(2) 백의 자리에 0을 놓을 수 없습니다.
가장 큰 수: 630
가장 작은 수: 306
둘째로 큰 수: 603
둘째로 작은 수: 360

몇째로 큰 수, 작은 수 만들기

① 숫자 카드로 가장 큰 세 자리 수를 만들려면 주어진 숫자 중 가장 큰 숫자부터 차례로 백의 자리, 십의 자리, 일의 자리에 써넣습니다.

② 숫자 카드로 가장 작은 수를 만들려면 주어진 숫자 중 가장 작은 숫자부터 차례로 백의 자리, 십의 자리, 일의 자리에 써넣습니다. (단, 0은 백의 자리에 놓을 수 없습니다.)

4 Lv.3 - 기본 A

② 숫자 카드로 수 만들기

대표문제

주어진 4장의 숫자 카드 중 3장을 사용하여 세 자리 수를 만들려고 합니다. 만들 수 있는 수 중 둘째로 큰 수와 셋째로 작은 수의 합을 구해 보시오. **860**

[0]　[3]　[7]　[1]

STEP ① 만들 수 있는 세 자리 수 중 가장 큰 수부터 차례로 3개만 써 보시오. 둘째로 큰 수는 무엇입니까? **730**

731 —— 730 —— 713

STEP ② 만들 수 있는 세 자리 수 중 가장 작은 수부터 차례로 3개만 써 보시오. 셋째로 작은 수는 무엇입니까? **130**

103 —— 107 —— 130

STEP ③ STEP① 과 STEP② 의 결과를 보고 둘째로 큰 수와 셋째로 작은 수의 합을 구해 보시오. **860**

14

> 정답과 풀이 5쪽

01 주어진 4장의 숫자 카드 중에서 3장을 사용하여 세 자리 수를 만들 때, 둘째로 큰 수와 둘째로 작은 수의 차를 구해 보시오. **812**

[3]　[1]　[9]　[5]

02 주어진 4장의 숫자 카드 중에서 3장을 사용하여 세 자리 수를 만들 때, 500에 가장 가까운 수를 구해 보시오. **485**

[4]　[8]　[5]　[2]

15

대표문제

STEP ① 7>3>1>0이므로 만들 수 있는 가장 큰 수는 731, 둘째로 큰 수는 730, 셋째로 큰 수는 713입니다.

STEP ② 0<1<3<7이고 0은 백의 자리에 놓을 수 없으므로 만들 수 있는 가장 작은 수는 103, 둘째로 작은 수는 107, 셋째로 작은 수는 130입니다.

STEP ③ 둘째로 큰 수는 730, 셋째로 작은 수는 130이므로 두 수의 합은 730+130=860입니다.

01 9>5>3>1이므로
- 만들 수 있는 가장 큰 수는 953, 둘째로 큰 수는 951입니다.
- 만들 수 있는 가장 작은 수는 135, 둘째로 작은 수는 139입니다.

따라서 둘째로 큰 수와 둘째로 작은 수의 차는
951−139=812입니다.

02
- 500보다 작은 수 중에서 500에 가장 가까운 수: 485
- 500보다 큰 수 중에서 500에 가장 가까운 수: 524

500−485=15, 524−500=24이므로 500에 가장 가까운 수는 485입니다.

③ 조건에 맞는 수 만들기

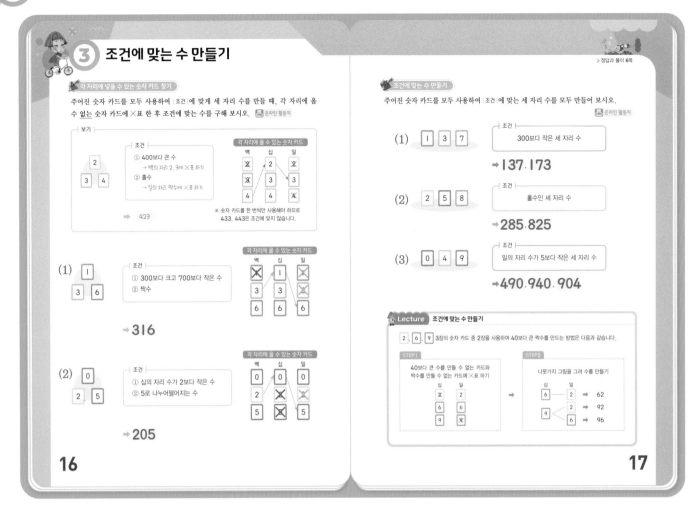

각 자리에 넣을 수 있는 숫자 카드 찾기

주어진 숫자 카드를 모두 사용하여 조건 에 맞게 세 자리 수를 만들 때, 각 자리에 올 수 없는 숫자 카드에 ✕표 한 후 조건에 맞는 수를 구해 보시오. 온라인 활동지

보기

조건
① 400보다 큰 수
→ 백의 자리 2, 3에 ✕표 하기
② 홀수
→ 일의 자리 짝수에 ✕표 하기

➡ 423

※ 숫자 카드를 한 번씩만 사용해야 하므로 433, 443은 조건에 맞지 않습니다.

(1)
조건
① 300보다 크고 700보다 작은 수
② 짝수

➡ 316

(2)
조건
① 십의 자리 수가 2보다 작은 수
② 5로 나누어떨어지는 수

➡ 205

조건에 맞는 수 만들기

주어진 숫자 카드를 모두 사용하여 조건 에 맞는 세 자리 수를 모두 만들어 보시오. 온라인 활동지

(1) 1 3 7
조건
300보다 작은 세 자리 수

➡ 137, 173

(2) 2 5 8
조건
홀수인 세 자리 수

➡ 285, 825

(3) 0 4 9
조건
일의 자리 수가 5보다 작은 세 자리 수

➡ 490, 940, 904

Lecture 조건에 맞는 수 만들기

2, 6, 9 3장의 숫자 카드 중 2장을 사용하여 40보다 큰 짝수를 만드는 방법은 다음과 같습니다.

STEP1
40보다 큰 수를 만들 수 없는 카드와
짝수를 만들 수 없는 카드에 ✕표 하기

STEP2
나뭇가지 그림을 그려 수를 만들기

십 일
6 2 ➡ 62
9 2 ➡ 92
6 ➡ 96

각 자리에 넣을 수 있는 숫자 카드 찾기

TIP 주어진 숫자 카드를 모두 사용합니다.

(1) ① 300보다 크고 700보다 작은 수
→ 백의 자리 1에 ✕표 합니다.
② 짝수 → 일의 자리 홀수 1, 3에 ✕표 합니다.
따라서 조건에 맞는 수는 316입니다.

(2) ① 십의 자리 수가 2보다 작은 수
→ 십의 자리 2와 5에 ✕표 합니다.
② 5로 나누어떨어지는 수
→ 5로 나누어떨어지는 수는 일의 자리 수가 0 또는 5이므로 2에 ✕표 합니다.
따라서 백의 자리에 0을 놓을 수 없으므로 조건에 맞는 수는 205입니다.

조건에 맞는 수 만들기

(1) 백의 자리에 1을 놓아야 합니다.

(2) 홀수를 만들려면 일의 자리에 홀수인 5를 놓아야 합니다.

(3) 5보다 작은 숫자는 0과 4이므로 일의 자리에 0과 4를 놓을 수 있습니다.
또한 세 자리 수를 만들어야 하므로 백의 자리에 0을 놓을 수 없습니다.

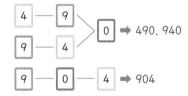

4 — 9 0 ➡ 490, 940
9 — 4 0

9 — 0 — 4 ➡ 904

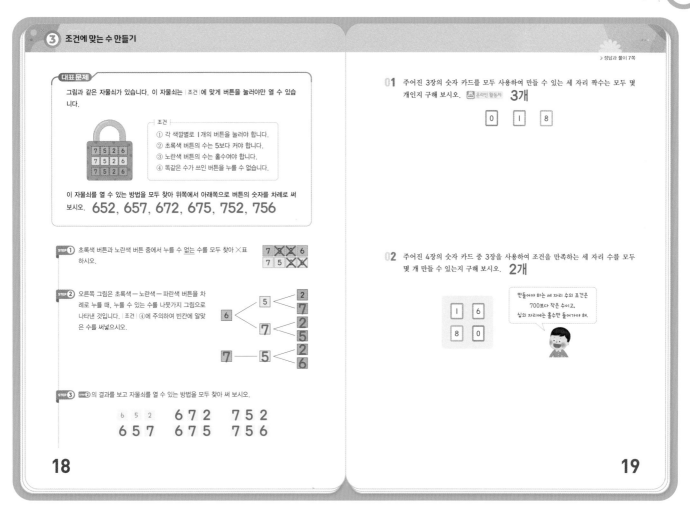

③ 조건에 맞는 수 만들기

대표문제

그림과 같은 자물쇠가 있습니다. 이 자물쇠는 조건에 맞게 버튼을 눌러야만 열 수 있습니다.

┌─ 조건 ─────────────────┐
① 각 색깔별로 1개의 버튼을 눌러야 합니다.
② 초록색 버튼의 수는 5보다 커야 합니다.
③ 노란색 버튼의 수는 홀수여야 합니다.
④ 똑같은 수가 쓰인 버튼을 누를 수 없습니다.
└────────────────────────┘

이 자물쇠를 열 수 있는 방법을 모두 찾아 위쪽에서 아래쪽으로 버튼의 숫자를 차례로 써 보시오. **652, 657, 672, 675, 752, 756**

STEP 1 초록색 버튼과 노란색 버튼 중에서 누를 수 <u>없는</u> 수를 모두 찾아 ✕표 하시오.

STEP 2 오른쪽 그림은 초록색 − 노란색 − 파란색 버튼을 차례로 누를 때, 누를 수 있는 수를 나뭇가지 그림으로 나타낸 것입니다. 조건 ④에 주의하여 빈칸에 알맞은 수를 써넣으시오.

STEP 3 STEP 2의 결과를 보고 자물쇠를 열 수 있는 방법을 모두 찾아 써 보시오.

6 5 2   6 7 2   7 5 2
6 5 7   6 7 5   7 5 6

18

01 주어진 3장의 숫자 카드를 모두 사용하여 만들 수 있는 세 자리 짝수는 모두 몇 개인지 구해 보시오. 🖥온라인 활동지 **3개**

| 0 | 1 | 8 |

02 주어진 4장의 숫자 카드 중 3장을 사용하여 조건을 만족하는 세 자리 수를 모두 몇 개 만들 수 있는지 구해 보시오. **2개**

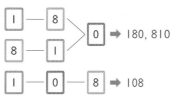

만들어야 하는 세 자리 수의 조건은 700보다 작은 수이고, 십의 자리에는 홀수만 들어가야 해.

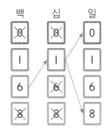

19

대표문제

STEP 1 초록색 버튼은 5보다 커야 하므로 누를 수 없는 수는 2, 5 입니다.
노란색 버튼은 홀수이므로 누를 수 없는 수는 2, 6입니다.

01 짝수이기 때문에 일의 자리에 0 또는 8을 놓아야 합니다. 또한 세 자리 수를 만들어야 하므로 백의 자리에 0을 놓을 수 없습니다.

| 1 |—| 8 |
| 8 |—| 1 | ⟩ | 0 | ➡ 180, 810

| 1 |—| 0 |—| 8 | ➡ 108

02 순서대로 조건에 맞게 수를 구해 봅니다.
① 700보다 작은 세 자리 수
→ 백의 자리 8, 0에 ✕표 합니다.
② 십의 자리에는 홀수
→ 십의 자리 0, 6, 8에 ✕표 합니다.

백   십   일
✕   ✕   0
1   1   1
6   ✕   6
✕   ✕   8

따라서 조건에 맞는 수는 610, 618입니다.

TIP 4장의 숫자 카드 중 3장을 모두 사용합니다.

I 수

Creative 팩토⁺

> 정답과 풀이 8쪽

01 마라톤 대회에 참가한 선수 120명의 등번호를 만들어야 합니다. 등번호는 001번 부터 120번까지이며, 각 등번호는 0 부터 9 까지의 숫자 카드를 붙여서 만듭 니다. 필요한 숫자 카드는 모두 몇 장인지 구해 보시오. **360장**

Key Point
모든 등번호마다 숫자 카드가 3장씩 필요합니다.

02 주어진 4장의 숫자 카드를 모두 사용하여 네 자리 수를 만들려고 합니다. 둘째로 큰 수와 셋째로 작은 수의 차를 구해 보시오. **1998**

| 1 | 2 | 3 | 0 |

03 주어진 4장의 숫자 카드 중에서 3장을 사용하여 세 자리 수를 만들 때, 555보다 큰 짝수는 모두 몇 개인지 구해 보시오. **6개**

| 0 | 4 | 5 | 6 |

04 5월 1일부터 일기를 쓰기 시작한 서윤이는 5월 한 달 동안 매일 일기를 썼습니다. 서윤이가 일기장의 날짜란에 쓴 숫자 중에서 5는 모두 몇 개인지 구해 보시오. **34개**

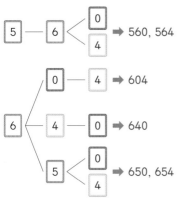

날짜	날씨
5 월 13 일 수 요일	맑음

오늘은 학교를 마치고 엄마와 같이 마트에 장을 보러 갔다. 마트에서는 새로운 행 시식 행사를 하고 있어서

Key Point
5월은 31일까지 있습니다.

20

21

---

01 001부터 120까지의 수의 개수: 120개
각 등번호마다 들어가는 숫자의 개수: 3개
→ 필요한 숫자 카드: 120 × 3 = 360(장)

02 3>2>1>0이므로
• 만들 수 있는 가장 큰 수는 3210, 둘째로 큰 수는 3201 입니다.
• 천의 자리에 0을 놓을 수 없으므로 만들 수 있는 가장 작은 수는 1023, 둘째로 작은 수는 1032, 셋째로 작은 수는 1203입니다.
따라서 둘째로 큰 수와 셋째로 작은 수의 차는
3201 − 1203 = 1998입니다.

03 555보다 큰 짝수이므로 백의 자리에 올 수 있는 숫자는 5, 6이고, 일의 자리에 올 수 있는 숫자는 0, 4, 6입니다.

5 — 6 ＜ 0 ➡ 560, 564
　　　　　 4

6 — 0 — 4 ➡ 604
　 4 — 0 ➡ 640
　 5 ＜ 0 ➡ 650, 654
　　　 4

04 5월은 31일까지 있습니다.
• 월을 나타내는 데 쓴 숫자 5의 개수: 31개
• 일을 나타내는 데 쓴 숫자 5의 개수
일의 자리에 5를 쓴 경우는 5일, 15일, 25일로 3개이고, 십의 자리에 5를 쓴 경우는 없습니다.
따라서 날짜란에 쓴 숫자 5는 모두 31 + 3 = 34(개)입니다.

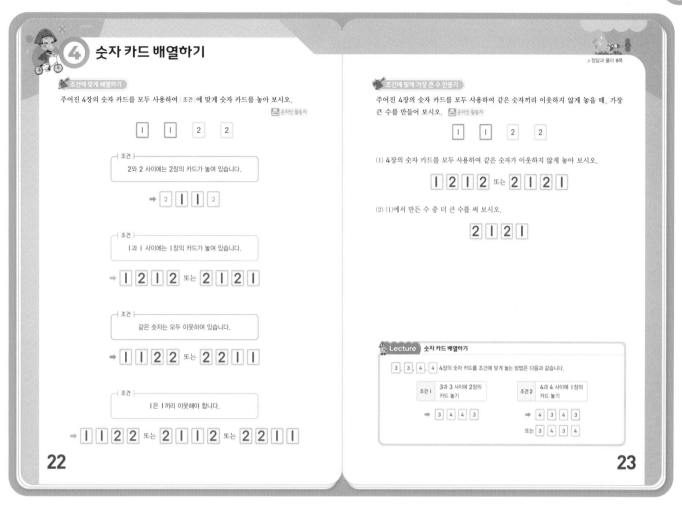

조건에 맞게 배열하기

숫자 카드의 위치를 바꾸가며 조건에 맞는 배열을 찾아봅니다.

TIP 같은 숫자끼리 이웃해 있는 경우에는 다음과 같이 생각해서 조건에 맞게 배치해 봅니다.

1 1 ➡ 1 1

2 2 ➡ 2 2

조건에 맞게 가장 큰 수 만들기

(1) 같은 숫자가 이웃하지 않으려면 같은 숫자 사이에 다른 숫자를 놓아야 합니다.

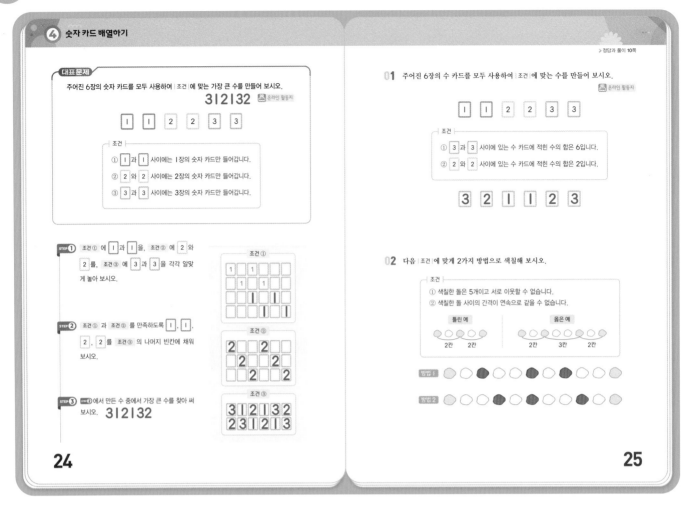

대표문제

STEP 3 가장 큰 수인 3이 가장 왼쪽 자리에 오는 것을 찾으면 312132입니다.

01 조건에 맞게 수 카드를 배열합니다.

① 수 카드 3과 3 사이에 있는 수 카드에 적힌 수의 합은 6 입니다.

합이 6이 되는 수 카드: 1 1 2 2

→ 수 카드 3이 양끝에 놓입니다.

3 □ □ □ □ 3

② 수 카드 2와 2 사이에 있는 수 카드에 적힌 수의 합은 2 입니다.

합이 2가 되는 수 카드: 1 1

→ 수 카드 2와 2 사이에 수 카드 1과 1이 놓입니다.

2 1 1 2

따라서 조건 ①과 ②를 만족하는 수는

3 2 1 1 2 3 입니다.

02 돌과 돌 사이의 간격이 4칸 이상이 되면 색칠한 돌이 서로 이웃하거나 돌 사이의 간격이 연속으로 같게 됩니다. 따라서 돌과 돌 사이의 간격은 항상 2칸 또는 3칸이 됩니다.

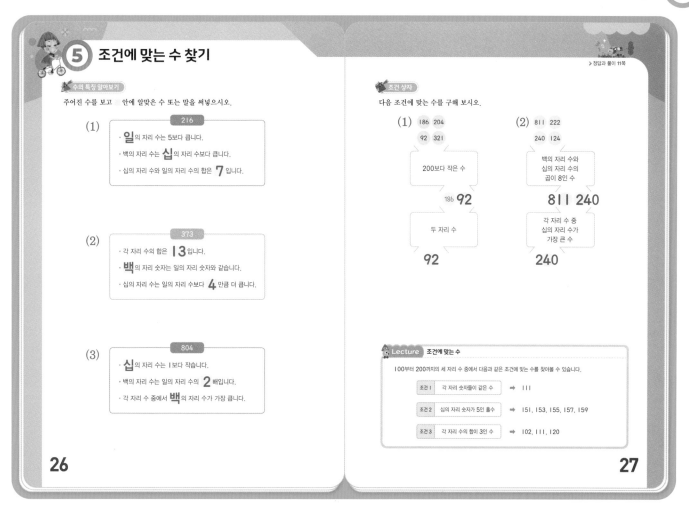

▶정답과 풀이 11쪽

⑤ 조건에 맞는 수 찾기

수의 특징 알아보기

주어진 수를 보고 ☐ 안에 알맞은 수 또는 말을 써넣으시오.

(1) 216
- **일**의 자리 수는 5보다 큽니다.
- 백의 자리 수는 **십**의 자리 수보다 큽니다.
- 십의 자리 수와 일의 자리 수의 합은 **7**입니다.

(2) 373
- 각 자리 수의 합은 **13**입니다.
- **백**의 자리 숫자는 일의 자리 숫자와 같습니다.
- 십의 자리 수는 일의 자리 수보다 **4**만큼 더 큽니다.

(3) 804
- **십**의 자리 수는 1보다 작습니다.
- 백의 자리 수는 일의 자리 수의 **2**배입니다.
- 각 자리 수 중에서 **백**의 자리 수가 가장 큽니다.

조건 상자

다음 조건에 맞는 수를 구해 보시오.

(1) 186 204 92 321

200보다 작은 수 → 186 92

두 자리 수 → 92

(2) 811 222 240 124

백의 자리 수와 십의 자리 수의 곱이 8인 수 → 811 240

각 자리 수 중 십의 자리 수가 가장 큰 수 → 240

Lecture 조건에 맞는 수

100부터 200까지의 세 자리 수 중에서 다음과 같은 조건에 맞는 수를 찾아볼 수 있습니다.

조건 1 각 자리 숫자들이 같은 수 ➡ 111

조건 2 십의 자리 숫자가 5인 홀수 ➡ 151, 153, 155, 157, 159

조건 3 각 자리 수의 합이 3인 수 ➡ 102, 111, 120

26 27

수의 특징 알아보기

(1) • 5<6이므로 일의 자리 수는 5보다 큽니다.
- 2>1이므로 백의 자리 수는 십의 자리 수보다 큽니다.
- 1+6=7

(2) • 3+7+3=13
- 백의 자리 수는 일의 자리 수와 같습니다.
- 7-3=4이므로 십의 자리 수는 일의 자리 수보다 4만큼 더 큽니다.

(3) • 0<1이므로 십의 자리 수는 1보다 작습니다.
- 4×2=8이므로 백의 자리 수는 일의 자리 수의 2배입니다.
- 8>4>0이므로 백의 자리 수가 가장 큽니다.

조건 상자

(1) • 200보다 작은 수는 186, 92입니다.
- 186, 92 중 두 자리 수는 92입니다.

(2) • 8×1=8, 2×2=4, 2×4=8, 1×2=2이므로 백의 자리와 십의 자리 수의 곱이 8인 수는 811, 240입니다.
- 811의 각 자리 수의 크기를 비교하면 8>1=1, 240의 각 자리 수의 크기를 비교하면 4>2>0이므로 각 자리 수 중 십의 자리 수가 가장 큰 수는 240입니다.

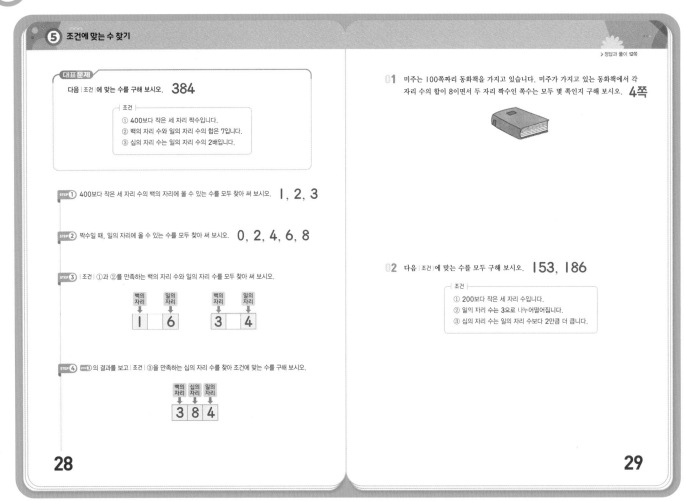

I 수

⑤ 조건에 맞는 수 찾기

> 정답과 풀이 12쪽

대표문제

다음 |조건|에 맞는 수를 구해 보시오. **384**

┌─ 조건 ─
① 400보다 작은 세 자리 짝수입니다.
② 백의 자리 수와 일의 자리 수의 합은 7입니다.
③ 십의 자리 수는 일의 자리 수의 2배입니다.
└─

STEP① 400보다 작은 세 자리 수의 백의 자리에 올 수 있는 수를 모두 찾아 써 보시오. **1, 2, 3**

STEP② 짝수일 때, 일의 자리에 올 수 있는 수를 모두 찾아 써 보시오. **0, 2, 4, 6, 8**

STEP③ |조건| ①과 ②를 만족하는 백의 자리 수와 일의 자리 수를 모두 찾아 써 보시오.

백의 자리	일의 자리
1	6

백의 자리	일의 자리
3	4

STEP④ STEP③의 결과를 보고 |조건| ③을 만족하는 십의 자리 수를 찾아 조건에 맞는 수를 구해 보시오.

백의 자리	십의 자리	일의 자리
3	8	4

28

01 미주는 100쪽짜리 동화책을 가지고 있습니다. 미주가 가지고 있는 동화책에서 각 자리 수의 합이 8이면서 두 자리 짝수인 쪽수는 모두 몇 쪽인지 구해 보시오. **4쪽**

02 다음 |조건|에 맞는 수를 모두 구해 보시오. **153, 186**

┌─ 조건 ─
① 200보다 작은 세 자리 수입니다.
② 일의 자리 수는 3으로 나누어떨어집니다.
③ 십의 자리 수는 일의 자리 수보다 2만큼 더 큽니다.
└─

29

대표문제

STEP① 0은 백의 자리에 올 수 없습니다.

STEP② 짝수가 되려면 일의 자리에 0, 2, 4, 6, 8이 와야 합니다.

STEP③ 합이 7이 되는 두 수 중 조건 ①을 만족하는 경우:
(1, 6), (3, 4)

STEP④ 십의 자리 수가 일의 자리 수의 2배이므로 일의 자리 수가 6이 될 수 없습니다.
따라서 십의 자리 수는 4 × 2 = 8이므로 조건에 맞는 수는 384입니다.

01 • 합이 8이 되는 두 수: (1, 7), (2, 6), (3, 5), (4, 4), (8, 0)
• 각 자리 수의 합이 8인 두 자리 수: 17, 26, 35, 44, 53, 62, 71, 80
• 짝수: 26, 44, 62, 80
따라서 각 자리 수의 합이 8이면서 두 자리 짝수인 쪽수는 26, 44, 62, 80으로 모두 4쪽입니다.

02 조건에 맞는 수를 찾아봅니다.
조건 ①: 1□□
조건 ②: 1□3, 1□6, 1□9
조건 ③: 153, 186

12 Lv.3 - 기본 A

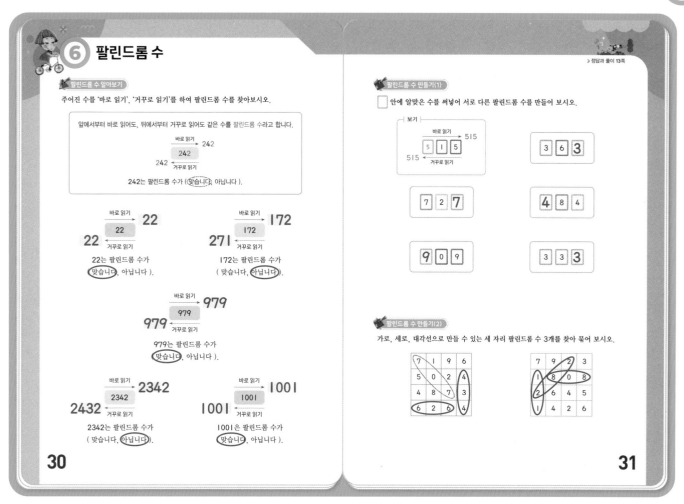

6 팔린드롬 수

팔린드롬 수 알아보기

주어진 수를 '바로 읽기', '거꾸로 읽기'를 하여 팔린드롬 수를 찾아보시오.

앞에서부터 바로 읽어도, 뒤에서부터 거꾸로 읽어도 같은 수를 팔린드롬 수라고 합니다.

바로 읽기 → 242
242
242 ← 거꾸로 읽기

242는 팔린드롬 수가 (맞습니다, 아닙니다).

바로 읽기 22
22
22 거꾸로 읽기

22는 팔린드롬 수가 (맞습니다, 아닙니다).

바로 읽기 172
172
271 거꾸로 읽기

172는 팔린드롬 수가 (맞습니다, 아닙니다).

바로 읽기 979
979
979 거꾸로 읽기

979는 팔린드롬 수가 (맞습니다, 아닙니다).

바로 읽기 2342
2342
2432 거꾸로 읽기

2342는 팔린드롬 수가 (맞습니다, 아닙니다).

바로 읽기 1001
1001
1001 거꾸로 읽기

1001은 팔린드롬 수가 (맞습니다, 아닙니다).

30

팔린드롬 수 만들기(1)

□ 안에 알맞은 수를 써넣어 서로 다른 팔린드롬 수를 만들어 보시오.

보기
바로 읽기 → 515
5 1 5
515 ← 거꾸로 읽기

3 6 3

7 2 7

4 8 4

9 0 9

3 3 3

팔린드롬 수 만들기(2)

가로, 세로, 대각선으로 만들 수 있는 세 자리 팔린드롬 수 3개를 찾아 묶어 보시오.

7	1	9	6
5	0	2	4
4	8	7	3
6	2	6	4

7	9	2	3
1	8	0	8
2	6	4	5
1	4	2	6

31

팔린드롬 수 알아보기

- 두 자리 팔린드롬 수는 십의 자리 숫자와 일의 자리 숫자가 같습니다.
  → 11, 22, 33, 44 …, 88, 99
- 세 자리 팔린드롬 수는 백의 자리 숫자와 일의 자리 숫자가 같습니다.
  → 101, 111, 121, 131…, 979, 989, 999
- 네 자리 팔린드롬 수는 천의 자리 숫자와 일의 자리 숫자가 같고, 백의 자리 숫자와 십의 자리 숫자가 같습니다.
  → 1001, 1111, 1221…, 9889, 9999

팔린드롬 수 만들기(1)

세 자리 팔린드롬 수는 백의 자리 숫자와 일의 자리 숫자가 같습니다.

팔린드롬 수 만들기(2)

- 가로 방향: →, ←
- 세로 방향: ↓, ↑
- 대각선 방향: ↘, ↙, ↖, ↗

⑥ 팔린드롬 수

▶정답과 풀이 14쪽

대표문제

|보기|와 같이 바로 읽으나 거꾸로 읽으나 같은 수를 팔린드롬 수라고 합니다.

┌─ 보기 ─┐

바로 읽기 → 313

313

313 ← 거꾸로 읽기

200보다 크고 500보다 작은 세 자리 수 중에서 각 자리 수의 합이 10인 팔린드롬 수를 모두 찾아 써 보시오. **262, 343, 424**

STEP ① 200보다 크고 500보다 작은 세 자리 수의 백의 자리에 쓸 수 있는 수를 모두 찾아 써 보시오. **2, 3, 4**

STEP ② STEP ①에서 찾은 백의 자리 수를 보고, 세 자리 팔린드롬 수가 되도록 일의 자리에 쓸 수 있는 수를 모두 찾아 써 보시오. **풀이 참조**

백의 자리	십의 자리	일의 자리
↓	↓	↓
2	6	2

3	4	3

STEP ③ 각 자리 수의 합이 10인 팔린드롬 수가 되도록 나머지 빈 칸에 알맞은 수를 써넣으시오.

4	2	4

01 세 자리 팔린드롬 수 중에서 가장 큰 짝수와 가장 작은 홀수의 차를 구해 보시오. **797**

02 달력에 있는 날짜를 다음과 같이 수로 나타낸다고 할 때, 1월의 달력에서 날짜가 팔린드롬 수로 나타내어지는 것은 모두 며칠인지 구해 보시오. **4일**

1월 3일 ➡ 13	1월 14일 ➡ 114

32

33

대표문제

STEP ① 200보다 크고 500보다 작은 세 자리 수의 백의 자리에 올 수 있는 수는 2, 3, 4입니다.

STEP ② 세 자리 팔린드롬 수가 되려면 백의 자리 수와 일의 자리 수가 같아야 합니다.

2		2

3		3

4		4

STEP ③ 각 자리 수의 합이 10이 되도록 십의 자리에 들어갈 수를 구합니다.

| 2 | | 2 | ➡ 10−2−2=6 |

| 3 | | 3 | ➡ 10−3−3=4 |

| 4 | | 4 | ➡ 10−4−4=2 |

01
- 짝수가 되려면 일의 자리에 0, 2, 4, 6, 8이 와야 하고 그중 가장 큰 수는 8입니다. 세 자리 팔린드롬 수이므로 백의 자리에도 8이 와야 합니다. → 8□8
따라서 가장 큰 짝수는 898입니다.
- 홀수가 되려면 일의 자리에 1, 3, 5, 7, 9가 와야 하고 그중 가장 작은 수는 1입니다. 세 자리 팔린드롬 수이므로 백의 자리에도 1이 와야 합니다. → 1□1
따라서 가장 작은 홀수는 101입니다.
팔린드롬 수가 되는 가장 큰 짝수와 가장 작은 홀수의 차는 898−101=797입니다.

02
- 1월 1일부터 9일까지의 두 자리 팔린드롬 수:
1월 1일 → 11
- 1월 10일부터 31일까지의 세 자리 팔린드롬 수:
1월 11일 → 111, 1월 21일 → 121, 1월 31일 → 131
따라서 1월 달력에서 날짜가 팔린드롬 수로 나타내어지는 것은 모두 4일입니다.

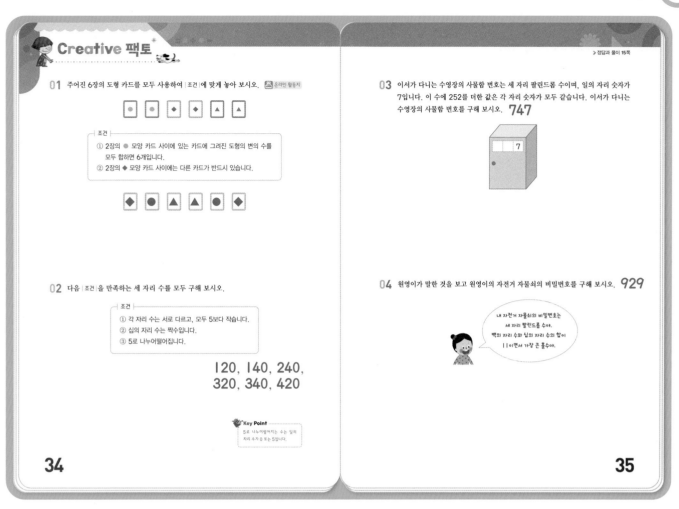

수 Ⅰ

Creative 팩토⁺

▶정답과 풀이 15쪽

01 주어진 6장의 도형 카드를 모두 사용하여 조건 에 맞게 놓아 보시오. 온라인 활동지

┌─ 조건 ─
① 2장의 ● 모양 카드 사이에 있는 카드에 그려진 도형의 변의 수를 모두 합하면 6개입니다.
② 2장의 ◆ 모양 카드 사이에는 다른 카드가 반드시 있습니다.

◆ ● ▲ ▲ ● ◆

02 다음 조건 을 만족하는 세 자리 수를 모두 구해 보시오.

┌─ 조건 ─
① 각 자리 수는 서로 다르고, 모두 5보다 작습니다.
② 십의 자리 수는 짝수입니다.
③ 5로 나누어떨어집니다.

120, 140, 240,
320, 340, 420

Key Point
5로 나누어떨어지는 수의 일의
자리 수가 0 또는 5입니다.

34

03 이서가 다니는 수영장의 사물함 번호는 세 자리 팔린드롬 수이며, 일의 자리 숫자가 7입니다. 이 수에 252를 더한 값은 각 자리 숫자가 모두 같습니다. 이서가 다니는 수영장의 사물함 번호를 구해 보시오. **747**

04 원영이가 말한 것을 보고 원영이의 자전거 자물쇠의 비밀번호를 구해 보시오. **929**

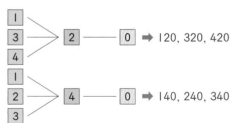
내 자전거 자물쇠의 비밀번호는 세 자리 팔린드롬 수야. 백의 자리 수와 십의 자리 수의 합이 11이면서 가장 큰 홀수야.

35

---

01 조건을 보고 알맞은 카드의 순서를 찾습니다.
① 변 6개: 삼각형 2개 → ● ▲ ▲ ●
② ◆ 모양 카드는 ● 모양 카드 사이에 놓을 수 없으므로 양 끝에 놓아야 합니다.

◆ ● ▲ ▲ ● ◆

02 ① 5보다 작은 수는 0, 1, 2, 3, 4입니다.
② □0□, □2□, □4□
③ □20, □40
따라서 각 자리의 수가 다른 □20, □40인 수를 알아보면 다음과 같습니다.

1
3 — 2 — 0 ➡ 120, 320, 420
4

1
2 — 4 — 0 ➡ 140, 240, 340
3

03 세 자리 팔린드롬 수는 백의 자리 숫자와 일의 자리 숫자가 같으므로 일의 자리 숫자가 7인 팔린드롬 수는 7□7입니다.
7□7＋252＝9□9이고, 각 자리 숫자가 모두 같으므로 더해서 나오는 수는 999입니다.
→ 999－252＝747

04 홀수가 되려면 일의 자리에 1, 3, 5, 7, 9가 와야 하고 그 중 가장 큰 수는 9입니다. → □□9
세 자리 팔린드롬 수이므로 백의 자리에는 9가 와야 합니다.
→ 9□9
9＋□＝11, □＝2이므로 십의 자리 수는 2입니다.
따라서 원영이의 자전거 자물쇠의 비밀번호는 929입니다.

정답과 풀이 **15**

Perfect 경시대회

▶정답과 풀이 16쪽

01 |보기|와 같은 방법으로 숫자가 적힌 종이를 점선을 따라 3조각으로 자른 후 다시 붙여 네 자리 수를 만들 때, 둘째로 큰 수를 구해 보시오. **6204**

2 0 4 6

┌ 보기 ┐
2 0 4 6 ➡ 2 0 4 6 ➡ 4 2 0 6 ➡ 4 2 0 6
　　　　① 3조각으로 자름　② 순서를 바꿈　③ 다시 붙임

02 주어진 6장의 수 카드를 모두 사용하여 이웃한 두 수의 차가 항상 1보다 크게 되도록 놓아 가장 큰 수를 만들어 보시오. 온라인 활동지

1　2　3　4　5　6

6　4　2　5　3　1

03 다음은 어느 해 9월의 달력입니다. 같은 해 10월부터 12월까지의 달력에 숫자 1은 모두 몇 번 쓰이는지 구해 보시오. **45번**

			9월			
일	월	화	수	목	금	토
				1	2	3
4	5	6	7	8	9	10
11	12	13	14	15	16	17
18	19	20	21	22	23	24
25	26	27	28	29	30	

04 다음과 같이 시각을 두 자리 수, 세 자리 수, 네 자리 수로 나타낼 때, 오전 9시와 오전 11시 사이의 시각을 나타낸 수가 팰린드롬 수가 되는 때는 모두 몇 번인지 구해 보시오. **7번**

9시 8분 ➡ 98　　　10시 6분 ➡ 106
9시 13분 ➡ 913　　10시 22분 ➡ 1022

36　　37

---

01 가장 큰 수:

2 0 4 6 ➡ 2 0 4 6 ➡ 6 4 2 0 ➡ 6 4 2 0

둘째로 큰 수:

2 0 4 6 ➡ 2 0 4 6 ➡ 6 2 0 4 ➡ 6 2 0 4

02 더 큰 수가 앞에 들어가게 하려면 가장 왼쪽에 6을 놓아야 합니다.

6 □ □ □ □ □

이웃한 두 수의 차가 항상 1보다 커야 하고, 더 큰 수를 앞에 놓아야 하므로

6 4 □ □ □ □　　6 4 2 □ □ □

가 됩니다.

2와의 차가 1보다 큰 수 중에서 가장 큰 수는 5입니다.

6 4 2 5 □ □

남은 수도 조건에 맞게 놓아 봅니다.

6 4 2 5 3 1

03 10월은 31일, 11월은 30일, 12월은 31일까지 있습니다.
① 달을 표시하는 부분: 10월, 11월, 12월 → 4번
② 일을 표시하는 부분
　• 일의 자리에 1이 쓰인 경우
　　10월은 1, 11, 21, 31 → 4번
　　11월은 1, 11, 21 → 3번
　　12월은 1, 11, 21, 31 → 4번
　　따라서 4＋3＋4＝11(번)입니다.
　• 십의 자리에 1이 쓰인 경우
　　10월, 11월, 12월 각각에 10, 11, 12, 13, 14,
　　15, 16, 17, 18, 19와 같이 10번씩 쓰여 있습니다.
　　따라서 10×3＝30(번)입니다.
따라서 10월부터 12월까지 달력에 숫자 1은 모두
4＋11＋30＝45(번) 쓰입니다.

04 ① 9시부터 10시까지 중에서 팰린드롬 수
　• 두 자리 수 팰린드롬 수: 9시 9분 → 99
　• 세 자리 수 팰린드롬 수: 9□9

9시 19분, 9시 29분, 9시 39분, 9시 49분,
9시 59분 → 919, 929, 939, 949, 959

② 10시부터 11시까지 중에서 팰린드롬 수
　• 10□: 10시 1분 → 101

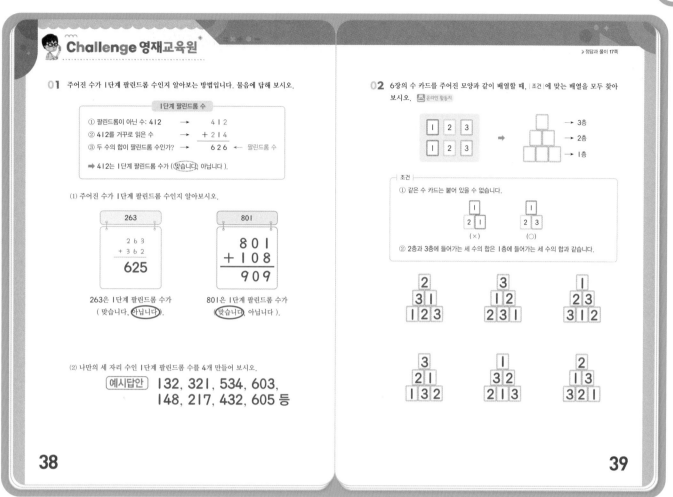

▶정답과 풀이 17쪽

01 (2) 바로 읽은 수와 거꾸로 읽은 수의 합이 팔린드롬 수가 되는 여러 가지 수를 찾고, 1단계 팔린드롬 수가 맞는지 확인해 봅니다.

02 모든 수의 합은 1＋1＋2＋2＋3＋3＝12이므로
(2층과 3층의 세 수의 합)＝(1층의 세 수의 합)
$$＝12÷2＝6$$
따라서 1, 2, 3을 1층에 여러 가지 방법으로 써넣고, 남은 1, 2, 3을 같은 숫자끼리 붙지 않도록 2층과 3층에 써넣습니다.

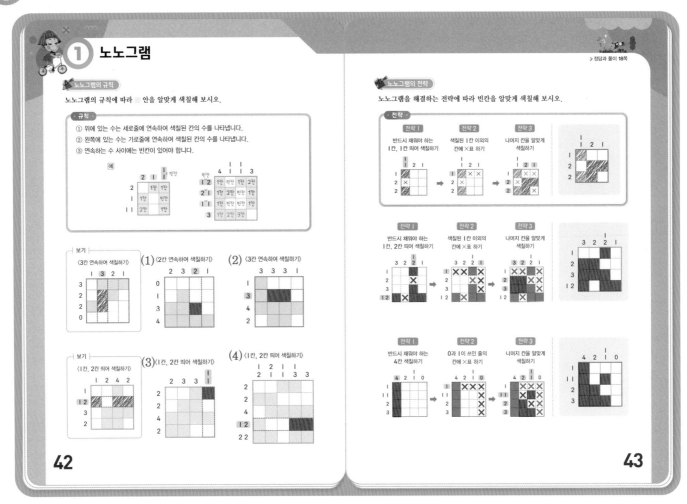

노노그램의 규칙

위와 왼쪽의 수만큼 연속하여 색칠합니다.

(1) 〈2칸 연속하여 색칠하기〉

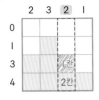

(2) 〈3칸 연속하여 색칠하기〉

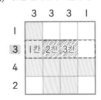

연속하는 수 사이에 빈칸이 있도록 색칠합니다.

(3) 〈1칸, 1칸 띄어 색칠하기〉

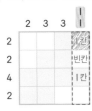

(4) 〈2칸, 1칸 띄어 색칠하기〉

노노그램의 전략

전략 순서에 따라 반드시 채워야 하는 칸부터 색칠하고, 색칠하지 않아야 하는 칸에는 ✕표를 해가며 퍼즐을 해결합니다.

① 노노그램

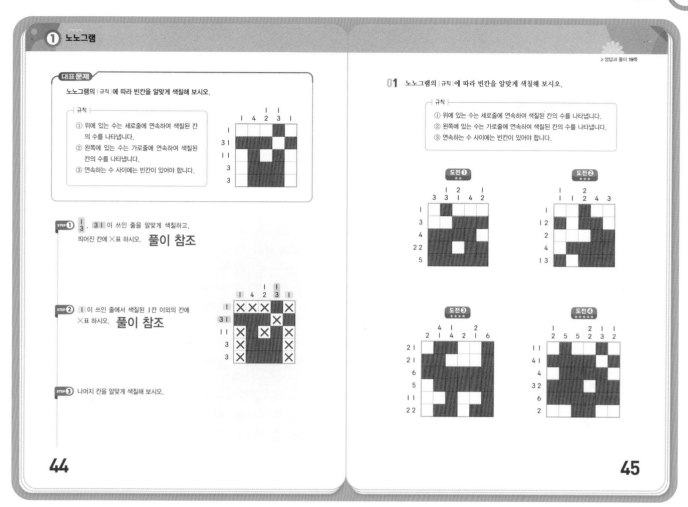

▶정답과 풀이 19쪽

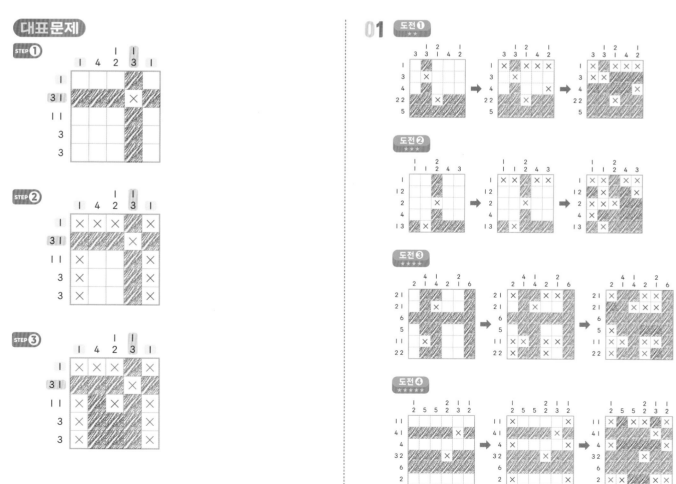

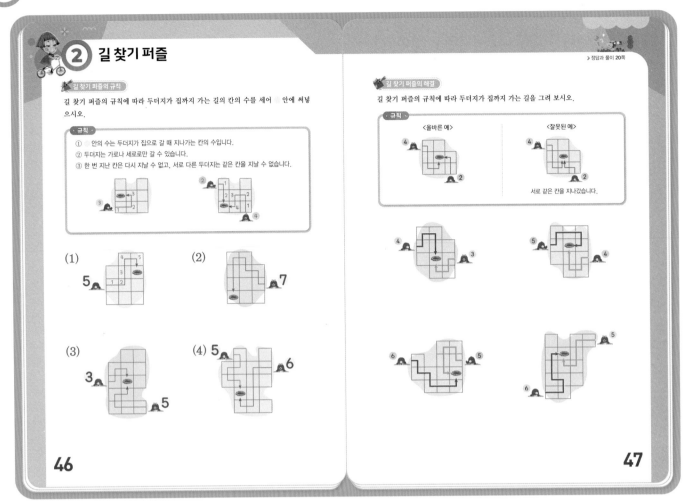

② 길 찾기 퍼즐

길 찾기 퍼즐의 규칙

길 찾기 퍼즐의 규칙에 따라 두더지가 집까지 가는 길의 칸의 수를 세어 ○ 안에 써넣으시오.

규칙

① ○ 안의 수는 두더지가 집으로 갈 때 지나가는 칸의 수입니다.
② 두더지는 가로나 세로로만 갈 수 있습니다.
③ 한 번 지난 칸은 다시 지날 수 없고, 서로 다른 두더지는 같은 칸을 지날 수 없습니다.

(1) 5

(2) 7

(3) 3 / 5

(4) 5 / 6 / 5

길 찾기 퍼즐의 해결

길 찾기 퍼즐의 규칙에 따라 두더지가 집까지 가는 길을 그려 보시오.

규칙

〈올바른 예〉 / 〈잘못된 예〉

서로 같은 칸을 지나갔습니다.

46

47

길 찾기 퍼즐의 규칙

두더지가 지나가는 칸에 번호를 쓰면 집까지 가는 길의 칸의 수를 알 수 있습니다.

(1)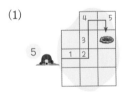

(2)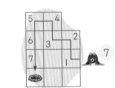

(3)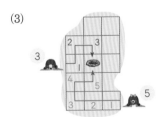

(4)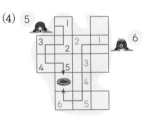

길 찾기 퍼즐의 해결

왼쪽 두더지가 집까지 가는 여러 가지 방법 중 규칙에 맞게 오른쪽 두더지도 집까지 갈 수 있는 길이 있는지 알아봅니다.

② 길 찾기 퍼즐

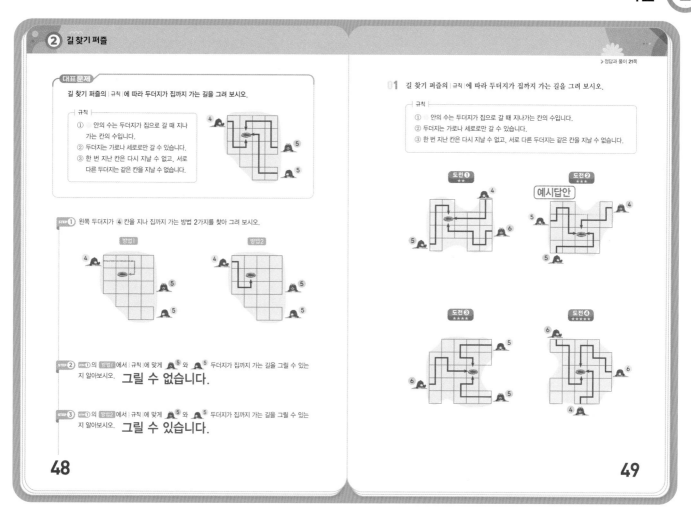

정답과 풀이 21쪽

대표문제

길 찾기 퍼즐의 규칙에 따라 두더지가 집까지 가는 길을 그려 보시오.

규칙

① ○ 안의 수는 두더지가 집으로 갈 때 지나가는 칸의 수입니다.
② 두더지는 가로나 세로로만 갈 수 있습니다.
③ 한 번 지난 칸은 다시 지날 수 없고, 서로 다른 두더지는 같은 칸을 지날 수 없습니다.

STEP ① 왼쪽 두더지가 4 칸을 지나 집까지 가는 방법 2가지를 찾아 그려 보시오.

STEP ② STEP ①의 방법1 에서 규칙에 맞게 🔵⁵ 와 🔵⁵ 두더지가 집까지 가는 길을 그릴 수 있는지 알아보시오. **그릴 수 없습니다.**

STEP ③ STEP ①의 방법2 에서 규칙에 맞게 🔵⁵ 와 🔵⁵ 두더지가 집까지 가는 길을 그릴 수 있는지 알아보시오. **그릴 수 있습니다.**

48

01 길 찾기 퍼즐의 규칙에 따라 두더지가 집까지 가는 길을 그려 보시오.

규칙

① ○ 안의 수는 두더지가 집으로 갈 때 지나가는 칸의 수입니다.
② 두더지는 가로나 세로로만 갈 수 있습니다.
③ 한 번 지난 칸은 다시 지날 수 없고, 서로 다른 두더지는 같은 칸을 지날 수 없습니다.

49

대표문제

STEP ①

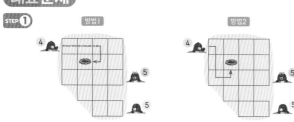

STEP ②

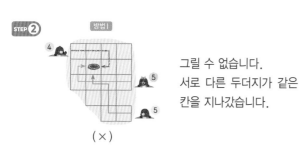

그릴 수 없습니다.
서로 다른 두더지가 같은
칸을 지나갔습니다.

(×)

STEP ③

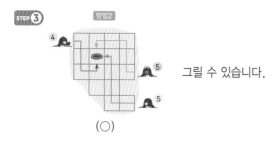

그릴 수 있습니다.

(○)

01 한 두더지가 집까지 가는 여러 가지 방법 중 규칙에 맞게 나머지 두더지도 집까지 갈 수 있는 길이 있는지 알아봅니다.

도전❷ 다음과 같은 방법도 있습니다.

예시답안

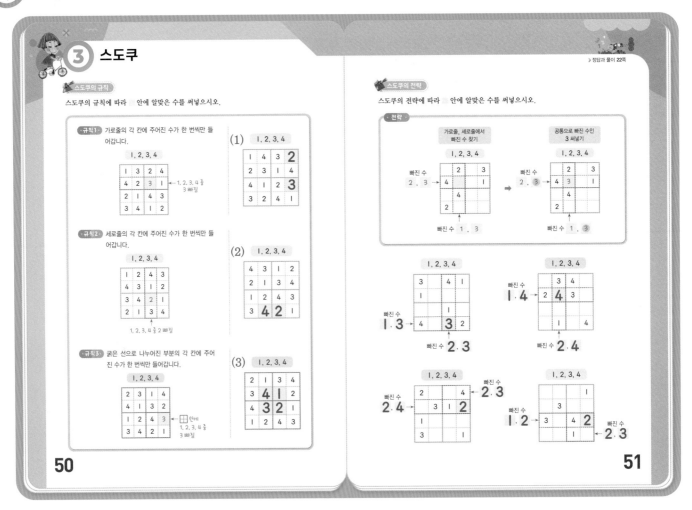

스도쿠의 규칙

· 가로줄과 세로줄에서 Ⅰ, 2, 3, 4 중 빠진 수를 찾습니다.

(1)　Ⅰ, 2, 3, 4

Ⅰ	4	3	2
2	3	Ⅰ	4
4	Ⅰ	2	3
3	2	4	Ⅰ

←Ⅰ, 2, 3, 4 중
2가 빠졌습니다.

←Ⅰ, 2, 3, 4 중
3이 빠졌습니다.

(2)　Ⅰ, 2, 3, 4

4	3	Ⅰ	2
2	Ⅰ	3	4
Ⅰ	2	4	3
3	4	2	Ⅰ

Ⅰ, 2, 3, 4 중　Ⅰ, 2, 3, 4 중
4가 빠졌습니다.　2가 빠졌습니다.

(3) ⊞ 안에서 Ⅰ, 2, 3, 4 중 빠진 수를 찾습니다.

Ⅰ, 2, 3, 4

2	Ⅰ	3	4
3	4	Ⅰ	2
4	3	2	Ⅰ
Ⅰ	2	4	3

Ⅰ, 2, 3, 4 중
4가 빠졌습니다.

Ⅰ, 2, 3, 4 중
3이 빠졌습니다.

←Ⅰ, 2, 3, 4 중
Ⅰ이 빠졌습니다.

←Ⅰ, 2, 3, 4 중
2가 빠졌습니다.

스도쿠의 전략

스도쿠의 전략에 따라 가로줄, 세로줄에서 빠진 수를 찾은 다음 공통으로 빠진 수를 써넣습니다.

③ 스도쿠

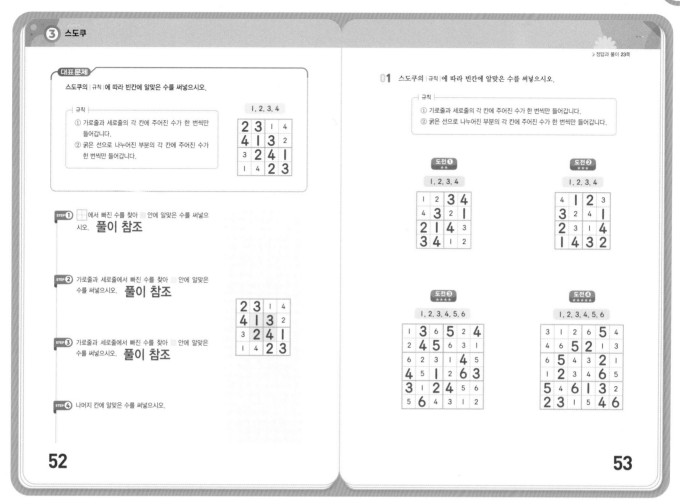

▶ 정답과 풀이 23쪽

대표문제

스도쿠의 |규칙|에 따라 빈칸에 알맞은 수를 써넣으시오.

ㅡ| 규칙 |ㅡ
① 가로줄과 세로줄의 각 칸에 주어진 수가 한 번씩만 들어갑니다.
② 굵은 선으로 나누어진 부분의 각 칸에 주어진 수가 한 번씩만 들어갑니다.

STEP ① [ ]에서 빠진 수를 찾아 ▨ 안에 알맞은 수를 써넣으시오. **풀이 참조**

STEP ② 가로줄과 세로줄에서 빠진 수를 찾아 ▨ 안에 알맞은 수를 써넣으시오. **풀이 참조**

STEP ③ 가로줄과 세로줄에서 빠진 수를 찾아 ▨ 안에 알맞은 수를 써넣으시오. **풀이 참조**

STEP ④ 나머지 칸에 알맞은 수를 써넣으시오.

01 스도쿠의 |규칙|에 따라 빈칸에 알맞은 수를 써넣으시오.

ㅡ| 규칙 |ㅡ
① 가로줄과 세로줄의 각 칸에 주어진 수가 한 번씩만 들어갑니다.
② 굵은 선으로 나누어진 부분의 각 칸에 주어진 수가 한 번씩만 들어갑니다.

52

53

대표문제

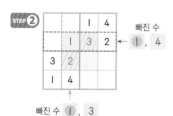

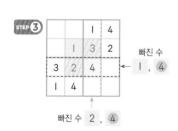

01

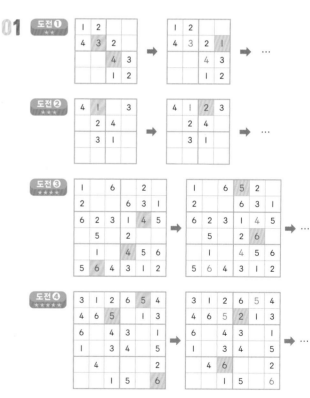

Creative 팩토

정답과 풀이 24쪽

01 |규칙|에 따라 빈칸에 알맞은 수를 써넣으시오.

1, 2, 3, 4, 5

|규칙|
① 가로줄과 세로줄의 각 칸에 주어진 수가 한 번씩만 들어갑니다.
② 색칠된 도형의 각 칸에 주어진 수가 한 번씩만 들어 갑니다.

2	5	1	3	4
4	1	3	2	5
1	2	4	5	3
5	3	2	4	1
3	4	5	1	2

02 |규칙|에 따라 빈칸을 색칠하여 색칠한 부분을 선을 따라 잘라내었을 때 나올 수 <u>없는</u> 조각을 찾아 기호를 써 보시오. ㉯

|규칙|
① 위와 왼쪽에 있는 수는 각각 세로줄과 가로 줄에 연속하여 색칠된 칸의 수를 나타냅니다.
② 연속하는 수 사이에는 빈칸이 있어야 합니다.

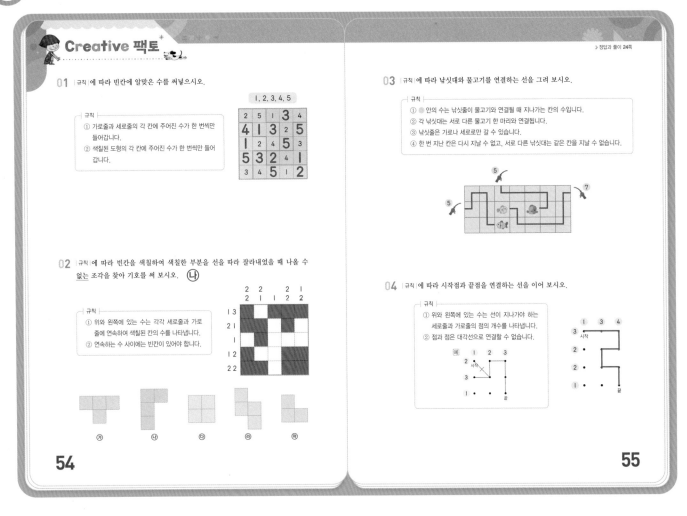

㉮ ㉯ ㉰ ㉱ ㉲

03 |규칙|에 따라 낚싯대와 물고기를 연결하는 선을 그려 보시오.

|규칙|
① ● 안의 수는 낚싯줄이 물고기와 연결될 때 지나가는 칸의 수입니다.
② 각 낚싯대는 서로 다른 물고기 한 마리와 연결됩니다.
③ 낚싯줄은 가로 세로로만 갈 수 있습니다.
④ 한 번 지난 칸은 다시 지날 수 없고, 서로 다른 낚싯대는 같은 칸을 지날 수 없습니다.

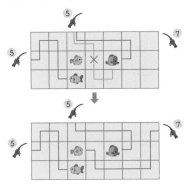

04 |규칙|에 따라 시작점과 끝점을 연결하는 선을 이어 보시오.

|규칙|
① 위와 왼쪽에 있는 수는 선이 지나가야 하는 세로줄과 가로줄의 점의 개수를 나타냅니다.
② 점과 점은 대각선으로 연결할 수 없습니다.

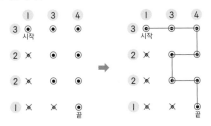

01

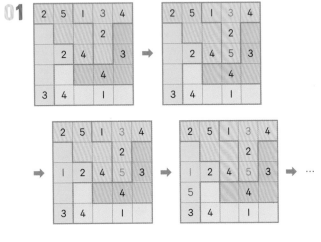

02

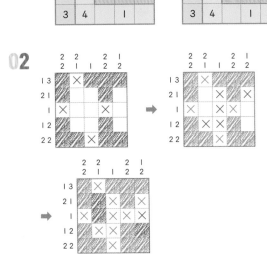

03
① 가장 왼쪽의 낚싯대가 5칸을 지나서 연결할 수 있는 물고기는 초록색 물고기입니다.
② 위쪽의 낚싯대가 5칸을 지나서 연결할 수 있는 물고기는 빨간색 물고기입니다.

04
① 반드시 지나는 점은 ○표, 지나지 않아야 하는 점은 ✕표 합니다.
② 시작점부터 ○표 한 점을 모두 지나 끝점을 연결하는 선을 그립니다.

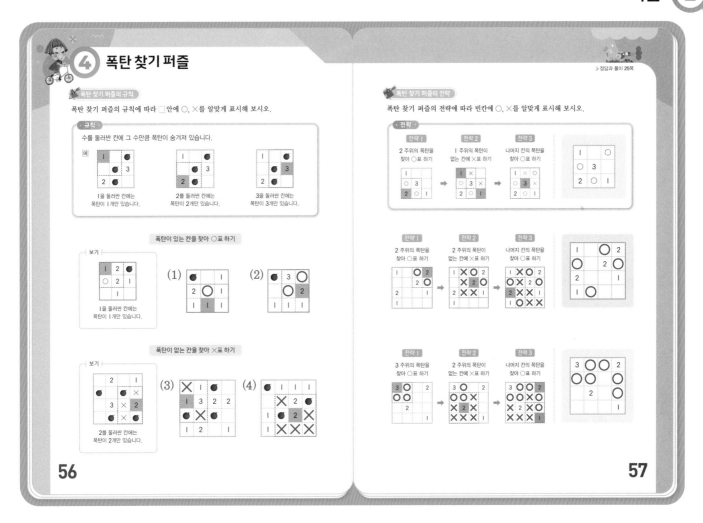

④ 폭탄 찾기 퍼즐

> 정답과 풀이 25쪽

폭탄 찾기 퍼즐의 규칙

(1)
┃을 둘러싼 칸에 폭탄이 ┃개 있어야 하므로
┃을 둘러싼 ┃개의 빈칸에 ○표 합니다.

(2)
2를 둘러싼 칸에 폭탄이 2개 있어야 하므로
2를 둘러싼 2개의 빈칸에 ○표 합니다.

(3)
┃을 둘러싼 칸에 폭탄이 ┃개 있으므로
┃을 둘러싼 2개의 빈칸에 ✕표 합니다.

(4)
2를 둘러싼 칸에 폭탄이 2개 있으므로
2를 둘러싼 5개의 빈칸에 ✕표 합니다.

폭탄 찾기 퍼즐의 전략

폭탄 찾기 퍼즐의 전략에 따라 폭탄이 꼭 있어야 하는 칸에는
○표, 폭탄이 없는 칸에는 ✕표를 하여 퍼즐을 해결합니다.

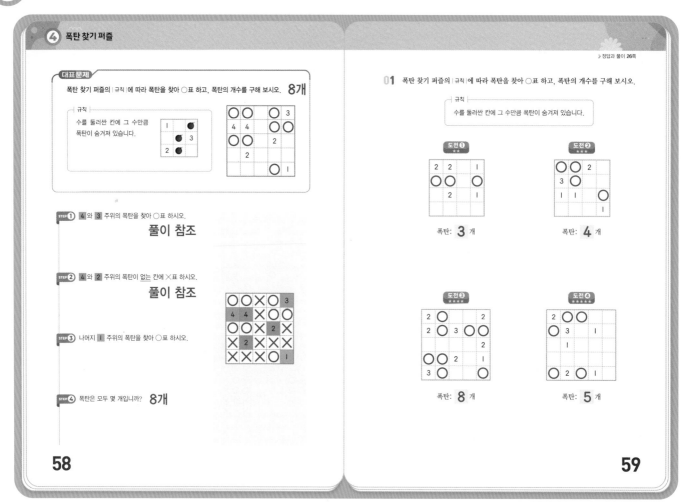

대표문제

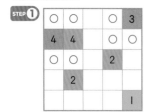

4 와 **3** 을 둘러싼 칸에 폭탄이 각각 4개, 3개 있어야 하므로 **4** 와 **3** 을 둘러싼 4개, 3개의 빈칸에 ○표 합니다.

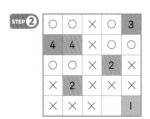

4 와 **2** 를 둘러싼 칸에 폭탄이 각각 4개, 2개 있으므로 **4** 와 **2** 를 둘러싼 빈칸에 모두 ✕표 합니다.

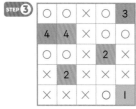

1 을 둘러싼 칸에 폭탄이 1개 있어야 하므로 1을 둘러싼 1개의 빈칸에 ○표 합니다.

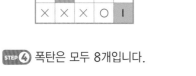

STEP ④ 폭탄은 모두 8개입니다.

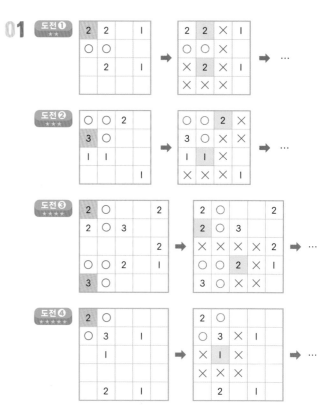

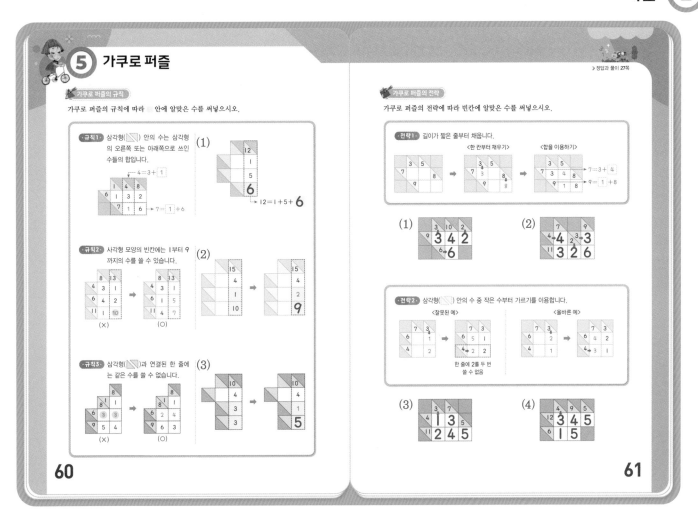

가쿠로 퍼즐의 규칙

(2)

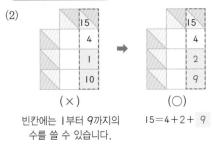

(×)   (○)

빈칸에는 1부터 9까지의   15=4+2+ 9
수를 쓸 수 있습니다.

(3)

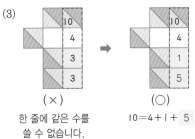

(×)   (○)

한 줄에 같은 수를   10=4+1+ 5
쓸 수 없습니다.

가쿠로 퍼즐의 전략

(1)

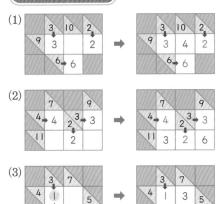

(2)

(3)

3은 1과 2로, 4는 같은 수로 가르는 것을 제외하고
1과 3으로 가를 수 있으므로 3과 4가 만나는 칸에는
1을 씁니다.

(4)

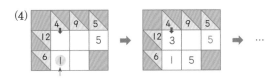

4는 같은 수로 가르는 것을 제외하면 1과 3으로, 6은
같은 수로 가르는 것을 제외하면 1과 5, 2와 4로 가를
수 있으므로 4와 6이 만나는 칸에는 1을 씁니다.

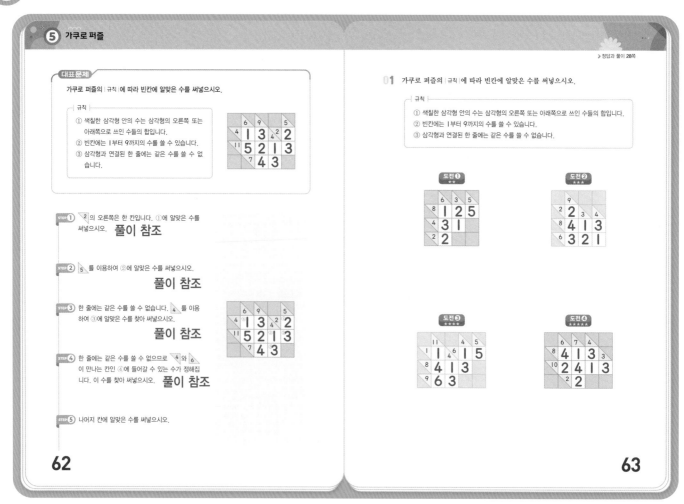

62

63

대표문제

STEP ①

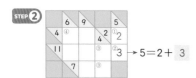

STEP ②

$5 = 2 + \boxed{3}$

STEP ③

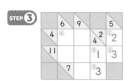

4는 같은 수로 가르는 것을 제외하고 1과 3으로 가를 수 있으므로 ③에 1과 3을 알맞게 씁니다.

STEP ④

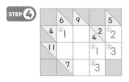

4는 같은 수로 가르는 것을 제외하면 1과 3으로, 6은 같은 수로 가르는 것을 제외하면 1과 5, 2와 4로 가를 수 있으므로 4와 6이 만나는 칸에는 1을 씁니다.

STEP ⑤

01

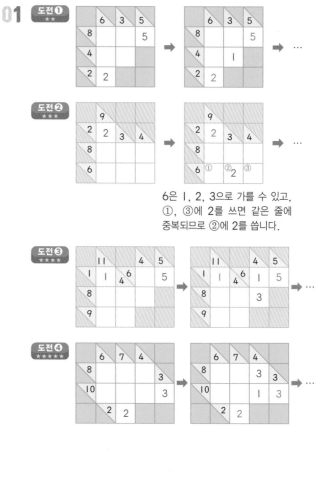

6은 1, 2, 3으로 가를 수 있고, ①, ③에 2를 쓰면 같은 줄에 중복되므로 ②에 2를 씁니다.

⑥ 화살표 퍼즐

▶ 정답과 풀이 29쪽

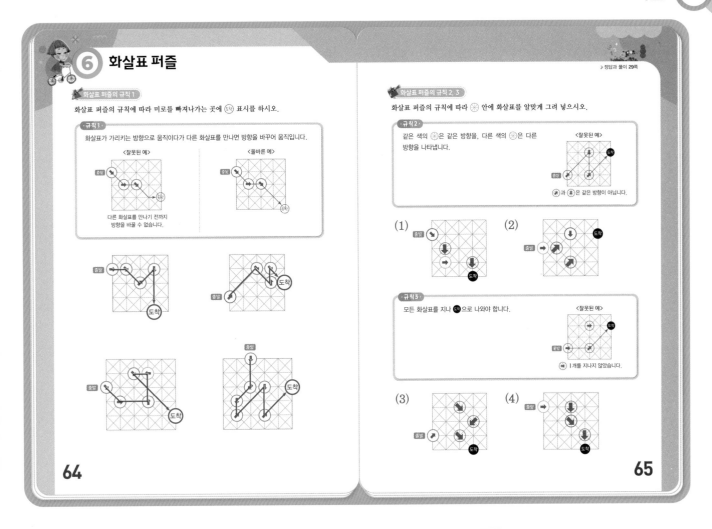

화살표 퍼즐의 규칙 1

출발점부터 화살표 방향을 따라 움직이고, 다른 화살표를 만나면 방향을 바꾸어 움직이다가 미로를 빠져나간 곳에 ⓓ착 표시를 합니다.

화살표 퍼즐의 규칙 2, 3

도착점을 향하는 화살표가 없으므로 도착점을 향하는 방향으로 화살표를 그려 넣은 다음 규칙에 맞는지 확인합니다.

(1) 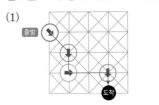 (2)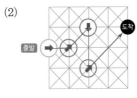

도착점을 향하는 화살표가 두 가지 색 중 어느 색 원에 들어가면 좋을지 알아봅니다.

(3) 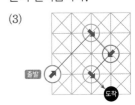 (4)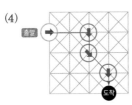

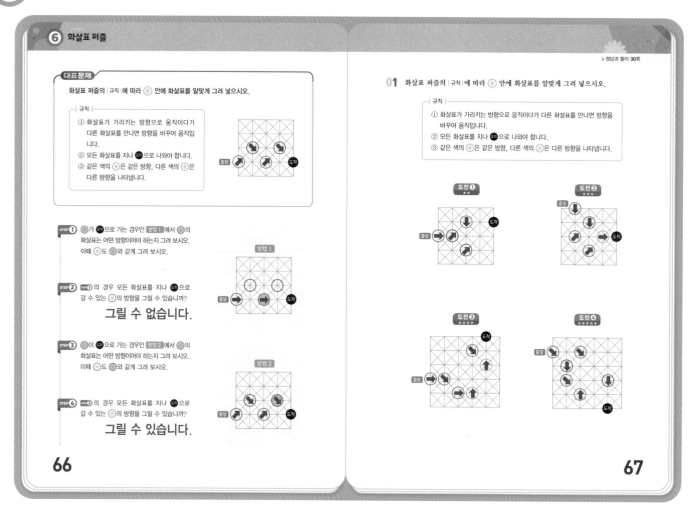

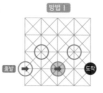

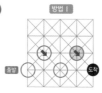

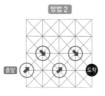

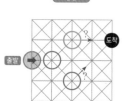

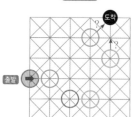

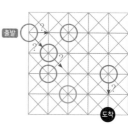

대표문제

STEP 1

방법 1

⊛에서 도착점으로 가려면 ➡ 방향의 화살표를 그려야 합니다.

STEP 2 ⊛ 방향으로 그린 경우 출발점에서 도착점까지 바로 가게 되므로 ⊛에 알맞은 화살표를 그릴 수 없습니다.

STEP 3

방법 1

⊛에서 도착점으로 가려면 ↘ 방향의 화살표를 그려야 합니다.

STEP 4 ⊛ 방향으로 그린 경우 ⊛ 방향으로 그리면 규칙에 따라 퍼즐을 해결하게 됩니다.

방법 2

01 출발과 도착을 보고 방향이 정해지는 화살표를 먼저 그립니다.

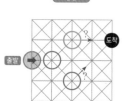

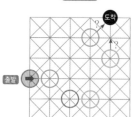

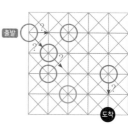

Creative 팩토

▶ 정답과 풀이 31쪽

01 |규칙|에 따라 폭탄을 찾아 ○표 하시오.

> ┌ 규칙 ┐
> 수를 둘러싼 칸에 그 수만큼 폭탄이 숨겨져 있습니다.

02 |규칙|에 따라 ✳ 안에 화살표를 알맞게 그려 넣고, 미로를 빠져나가는 곳에 도착 표시를 하시오.

> ┌ 규칙 ┐
> ① 화살표가 가리키는 방향으로 움직이다가 다른 화살표를 만나면 방향을 바꾸어 움직입니다.
> ② 모든 화살표를 지나 도착으로 나와야 합니다.
> ③ 같은 색의 ✳은 같은 방향, 다른 색의 ✳은 다른 방향을 나타냅니다.

03 |규칙|에 따라 빈칸에 알맞은 수를 써넣으시오.

> ┌ 규칙 ┐
> ① 색칠한 삼각형 안의 수는 삼각형의 오른쪽 또는 아래쪽으로 쓰인 수들의 합입니다.
> ② 빈칸에는 1부터 9까지의 수를 쓸 수 있습니다.
> ③ 삼각형과 연결된 한 줄에는 같은 수를 쓸 수 없습니다.

04 |규칙|에 따라 폭탄을 찾아 ○표 하시오.

> ┌ 규칙 ┐
> 수를 둘러싼 칸에 그 수만큼 폭탄이 숨겨져 있습니다.

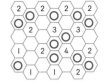

68

69

01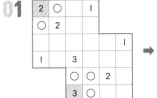

02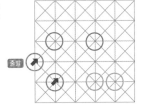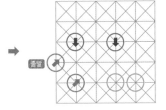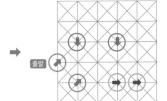

✳의 방향이 ↘인 경우 밖으로 나가게 되므로 ✳을 향하도록 ✳에 ↗ 방향의 화살표를 그려 넣습니다.

✳의 방향이 ➡인 경우 밖으로 나가게 되므로 ✳을 향하도록 ✳에 ⬇ 방향의 화살표를 그려 넣습니다.

밖으로 나가야 하므로 ✳에 ➡ 방향의 화살표를 그려 넣습니다.

03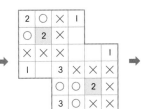

04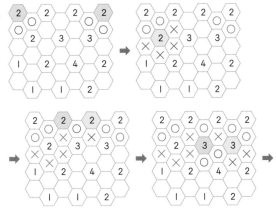

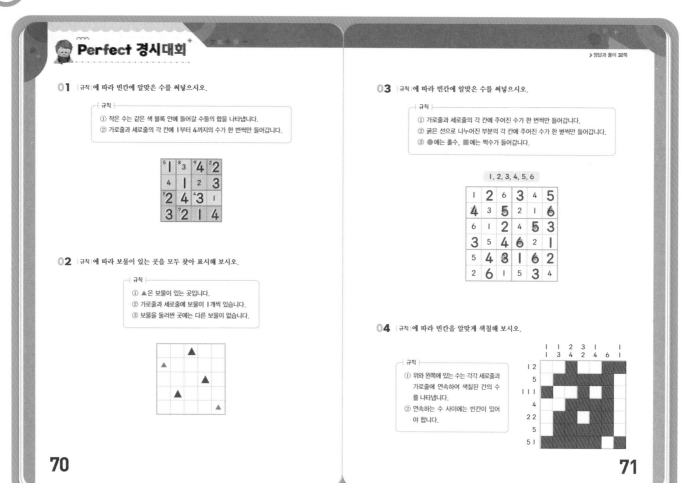

Perfect 경시대회

▶정답과 풀이 32쪽

01 | 규칙 |에 따라 빈칸에 알맞은 수를 써넣으시오.

┌─ 규칙 ─
① 작은 수는 같은 색 블록 안에 들어갈 수들의 합을 나타냅니다.
② 가로줄과 세로줄의 각 칸에 1부터 4까지의 수가 한 번씩만 들어갑니다.

02 | 규칙 |에 따라 보물이 있는 곳을 모두 찾아 표시해 보시오.

┌─ 규칙 ─
① ▲은 보물이 있는 곳입니다.
② 가로줄과 세로줄에 보물이 1개씩 있습니다.
③ 보물을 둘러싼 곳에는 다른 보물이 없습니다.

03 | 규칙 |에 따라 빈칸에 알맞은 수를 써넣으시오.

┌─ 규칙 ─
① 가로줄과 세로줄의 각 칸에 주어진 수가 한 번씩만 들어갑니다.
② 굵은 선으로 나누어진 부분의 각 칸에 주어진 수가 한 번씩만 들어갑니다.
③ ●에는 홀수, ■에는 짝수가 들어갑니다.

1, 2, 3, 4, 5, 6

04 | 규칙 |에 따라 빈칸을 알맞게 색칠해 보시오.

┌─ 규칙 ─
① 위와 왼쪽에 있는 수는 각각 세로줄과 가로줄에 연속하여 색칠된 칸의 수를 나타냅니다.
② 연속하는 수 사이에는 빈칸이 있어야 합니다.

70

71

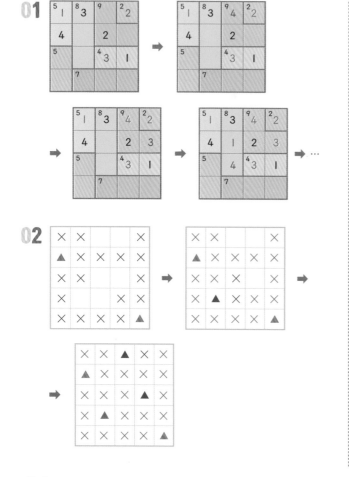

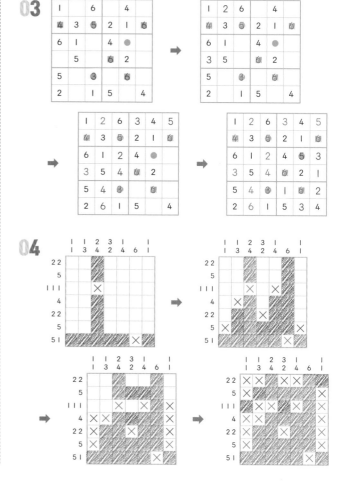

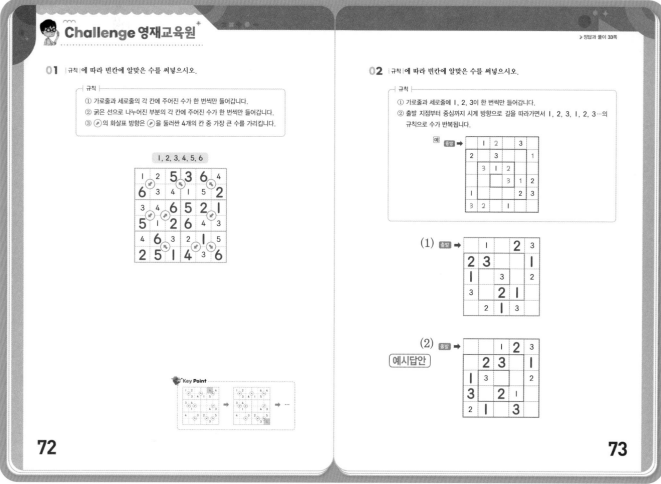

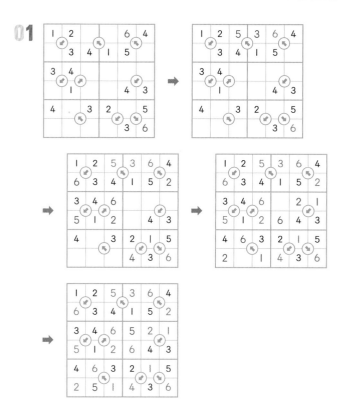

Challenge 영재교육원

▶정답과 풀이 33쪽

01 |규칙|에 따라 빈칸에 알맞은 수를 써넣으시오.

┌ 규칙 ┐
① 가로줄과 세로줄의 각 칸에 주어진 수가 한 번씩 들어갑니다.
② 굵은 선으로 나누어진 부분의 각 칸에 주어진 수가 한 번씩 들어갑니다.
③ ✎의 화살표 방향은 ✎을 둘러싼 4개의 칸 중 가장 큰 수를 가리킵니다.

1, 2, 3, 4, 5, 6

Key Point

02 |규칙|에 따라 빈칸에 알맞은 수를 써넣으시오.

┌ 규칙 ┐
① 가로줄과 세로줄에 1, 2, 3이 한 번씩만 들어갑니다.
② 출발 지점부터 중심까지 시계 방향으로 길을 따라가면서 1, 2, 3, 1, 2, 3…의 규칙으로 수가 반복됩니다.

예 출발 →

(1) 출발 →

(2) 출발 →
예시답안

01

02 (1) 출발 →   출발 →   …

1, 2, 3, 1, 2, 3…의 규칙으로 수가 반복되므로 3과 2 사이에 1을 써넣습니다.

한 줄에 1, 2, 3이 한 번씩 들어가므로 1, 2, 3이 다 채워진 줄의 빈칸에 ×표 합니다.

(2) 출발 →   출발 →   …

1, 2, 3, 1, 2, 3…의 규칙으로 수가 반복되므로 1과 3 사이에 2, 3과 2 사이에 1을 써넣습니다.

한 줄에 1, 2, 3이 한 번씩 들어가므로 1, 2, 3이 다 채워진 줄의 빈칸에 ×표 합니다.

다음과 같은 방법도 있습니다.

예시답안 출발 →

① 눈금이 지워진 자

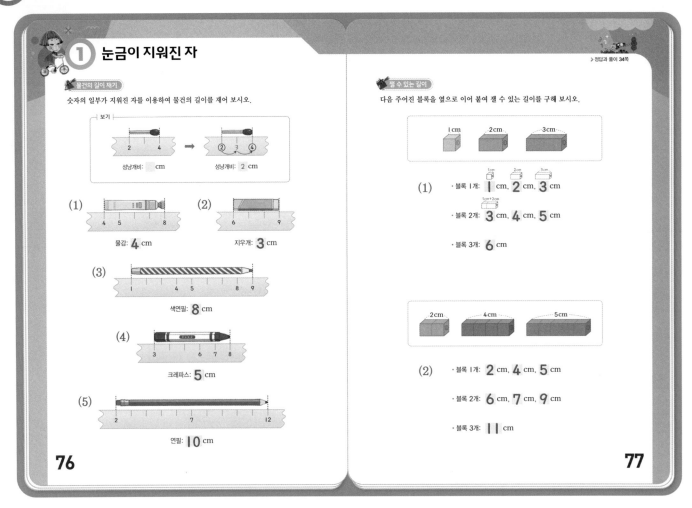

▶정답과 풀이 34쪽

물건의 길이 재기

숫자의 일부가 지워진 자를 이용하여 물건의 길이를 재어 보시오.

┌ 보기 ┐

성냥개비: cm → 성냥개비: 2 cm

(1) 물감: **4** cm

(2) 지우개: **3** cm

(3) 색연필: **8** cm

(4) 크레파스: **5** cm

(5) 연필: **10** cm

잴 수 있는 길이

다음 주어진 블록을 옆으로 이어 붙여 잴 수 있는 길이를 구해 보시오.

1cm 2cm 3cm

(1) ·블록 1개: **1** cm, **2** cm, **3** cm

·블록 2개: **3** cm, **4** cm, **5** cm

·블록 3개: **6** cm

2cm 4cm 5cm

(2) ·블록 1개: **2** cm, **4** cm, **5** cm

·블록 2개: **6** cm, **7** cm, **9** cm

·블록 3개: **11** cm

76 **77**

물건의 길이 재기

각 물건의 길이는 양쪽 끝 눈금이 가리키는 수의 차와 같습니다.

(1) 8-4=4(cm)

(2) 9-6=3(cm)

(3) 9-1=8(cm)

(4) 8-3=5(cm)

(5) 12-2=10(cm)

잴 수 있는 길이

주어진 블록은 옆으로 이어 붙일 수 있기 때문에 길이의 합을 이용하여 잴 수 있는 길이를 구할 수 있습니다.

(1) ·블록 1개로 잴 수 있는 길이: 1cm, 2cm, 3cm
·블록 2개로 잴 수 있는 길이: 3cm(1+2), 4cm(1+3), 5cm(2+3)
·블록 3개로 잴 수 있는 길이: 6cm(1+2+3)

(2) ·블록 1개로 잴 수 있는 길이: 2cm, 4cm, 5cm
·블록 2개로 잴 수 있는 길이: 6cm(2+4), 7cm(2+5), 9cm(4+5)
·블록 3개로 잴 수 있는 길이: 11cm(2+4+5)

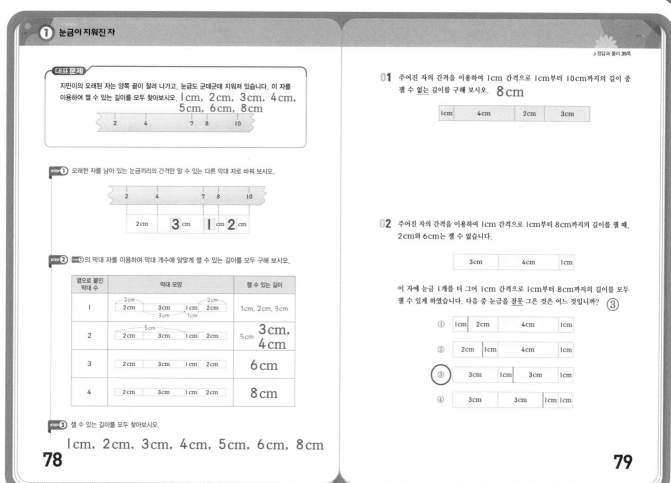

대표문제

STEP ① 각 간격의 길이는 양쪽 끝 눈금이 가리키는 수의 차와 같습니다.

STEP ② 각 간격별로 잴 수 있는 길이를 구합니다.

옆으로 붙인 막대 수	막대 모양	잴 수 있는 길이
1	2cm 3cm 1cm 2cm	1cm, 2cm, 3cm
2	2cm 3cm 1cm 2cm	3cm, 4cm
3	2cm 3cm 1cm 2cm	6cm
4	2cm 3cm 1cm 2cm	8cm

STEP ③ STEP ②에서 잴 수 있는 길이는 1cm, 2cm, 3cm, 4cm, 5cm, 6cm, 8cm입니다.

01
- 간격 1개로 잴 수 있는 길이: 1cm, 2cm, 3cm, 4cm
- 간격 2개로 잴 수 있는 길이: 5cm(1+4 또는 2+3), 6cm(4+2)
- 간격 3개로 잴 수 있는 길이: 7cm(1+4+2), 9cm(4+2+3)
- 간격 4개로 잴 수 있는 길이: 10cm(1+4+2+3)

따라서 잴 수 없는 길이는 8cm입니다.

02 ③ | 3cm | 1cm | 3cm | 1cm |

- 간격 1개로 잴 수 있는 길이: 1cm, 3cm
- 간격 2개로 잴 수 있는 길이: 4cm(1+3)
- 간격 3개로 잴 수 있는 길이: 5cm(1+3+1), 7cm(3+1+3)
- 간격 4개로 잴 수 있는 길이: 8cm(3+1+3+1)

따라서 ③번 자로는 2cm와 6cm를 잴 수 없습니다.

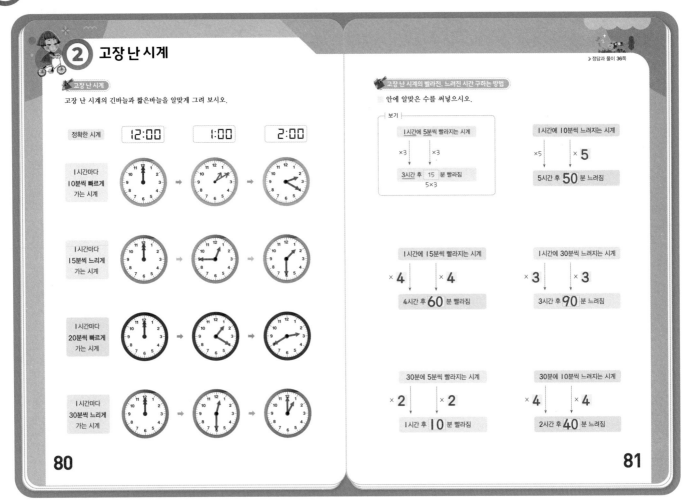

고장 난 시계

- 고장 나서 빠르게 가는 시계는 정확한 시각 이후의 시각을 가리키므로, 고장 난 시계의 시각은 정확한 시각에서 빨라지는 시간만큼을 더하여 구합니다.
- 고장 나서 느리게 가는 시계는 정확한 시각 이전의 시각을 가리키므로, 고장 난 시계의 시각은 정확한 시각에서 느려지는 시간만큼을 빼서 구합니다.

고장 난 시계의 빨라진, 느려진 시간 구하는 방법

- 정확한 시간이 늘어난 비율만큼 고장 나서 빨라지거나 느려진 시간도 같은 비율만큼 늘어납니다.
- 1시간을 60분으로 고쳐서 생각합니다.

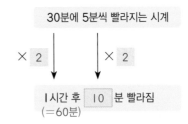

- 2시간을 120분으로 고쳐서 생각합니다.

② 고장난 시계

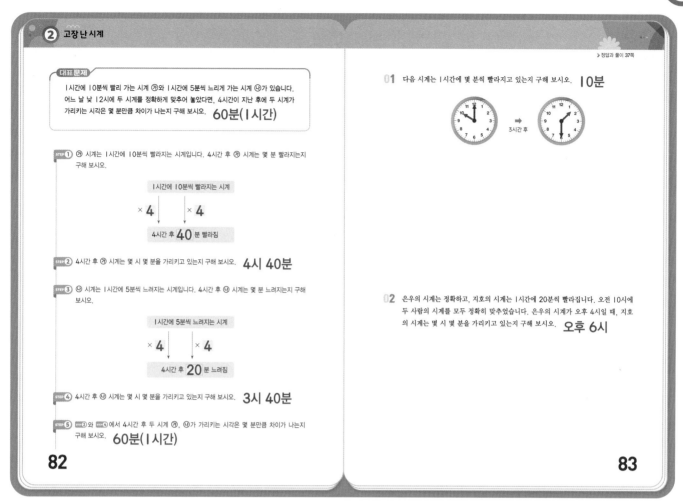

대표문제

1시간에 10분씩 빨리 가는 시계 ㉮와 1시간에 5분씩 느리게 가는 시계 ㉯가 있습니다. 어느 날 낮 12시에 두 시계를 정확하게 맞추어 놓았다면, 4시간이 지난 후에 두 시계가 가리키는 시각은 몇 분만큼 차이가 나는지 구해 보시오. **60분(1시간)**

STEP 1 ㉮ 시계는 1시간에 10분씩 빨라지는 시계입니다. 4시간 후 ㉮ 시계는 몇 분 빨라지는지 구해 보시오.

1시간에 10분씩 빨라지는 시계

×**4** ↓ ×**4**

4시간 후 **40** 분 빨라짐

STEP 2 4시간 후 ㉮ 시계는 몇 시 몇 분을 가리키고 있는지 구해 보시오. **4시 40분**

STEP 3 ㉯ 시계는 1시간에 5분씩 느려지는 시계입니다. 4시간 후 ㉯ 시계는 몇 분 느려지는지 구해 보시오.

1시간에 5분씩 느려지는 시계

×**4** ↓ ×**4**

4시간 후 **20** 분 느려짐

STEP 4 4시간 후 ㉯ 시계는 몇 시 몇 분을 가리키고 있는지 구해 보시오. **3시 40분**

STEP 5 STEP2 와 STEP4 에서 4시간 후 두 시계 ㉮, ㉯가 가리키는 시각은 몇 분만큼 차이가 나는지 구해 보시오. **60분(1시간)**

82

> 정답과 풀이 37쪽

01 다음 시계는 1시간에 몇 분씩 빨라지고 있는지 구해 보시오. **10분**

02 은우의 시계는 정확하고, 지호의 시계는 1시간에 20분씩 빨라집니다. 오전 10시에 두 사람의 시계를 모두 정확히 맞추었습니다. 은우의 시계가 오후 4시일 때, 지호의 시계는 몇 시 몇 분을 가리키고 있는지 구해 보시오. **오후 6시**

83

대표문제

STEP 1 ㉮ 시계는 1시간에 10분씩 빨라지므로 4시간 후에는 10×4＝40(분) 빨라집니다.

STEP 2 낮 12시에서 4시간 후에, ㉮ 시계는 40분 빠른 4시 40분을 가리킵니다.

STEP 3 ㉯ 시계는 1시간에 5분씩 느려지므로 4시간 후에는 5×4＝20(분) 느려집니다.

STEP 4 낮 12시에서 4시간 후에, ㉯ 시계는 20분 느린 3시 40분을 가리킵니다.

STEP 5 ㉮ 시계는 4시 40분을 가리키고, ㉯ 시계는 3시 40분을 가리키고 있으므로 두 시계가 가리키는 시각의 차이는 60분입니다.

㉮ 시계 　　　 ㉯ 시계

별해 두 시계는 1시간에 15분씩 차이가 납니다. 따라서 4시간 후에는 15×4＝60(분)만큼 차이가 납니다.

01 주어진 시계는 3시간 후에 1시가 아니라 1시 30분입니다. 즉, 3시간 동안 30분만큼 빨라졌습니다. 따라서 1시간에 10분씩 빨라지는 시계입니다.

02 오전 10시부터 오후 4시까지는 6시간입니다. 지호의 시계는 1시간에 20분씩 빨라지므로 6시간 후에는 6×20＝120(분) 빨라집니다. 따라서 오후 4시에 지호의 시계는 120분(2시간) 후인 오후 6시를 가리킵니다.

③ 달력

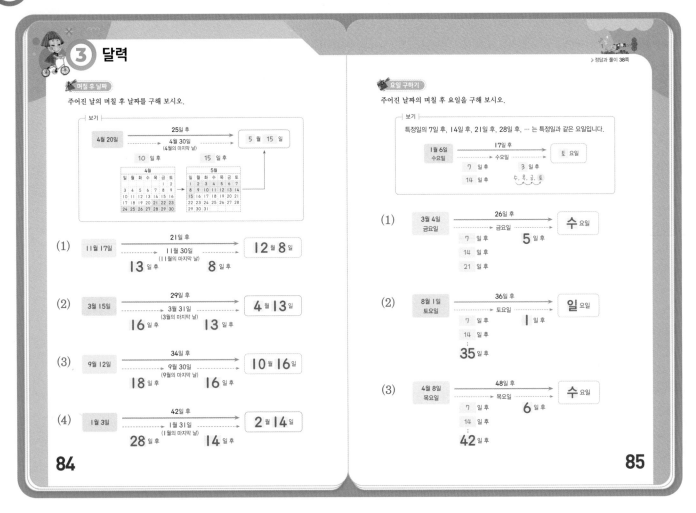

84

85

(며칠 후 날짜)

주어진 날의 며칠 후 날짜는 주어진 달의 마지막 날을 이용하여 구합니다.

(1)

$30 - 17 = 13$(일) $21 - 13 = 8$(일)

(2)

$31 - 15 = 16$(일) $29 - 16 = 13$(일)

(3)

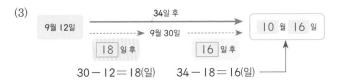

$30 - 12 = 18$(일) $34 - 18 = 16$(일)

(4)

1월 3일	42일 후	2 월 14 일
	1월 31일	
28 일 후		14 일 후

$31 - 3 = 28$(일) $42 - 28 = 14$(일)

(요일 구하기)

주어진 날의 7일 후, 14일 후, 21일 후, 28일 후, … 는 같은 요일입니다.

(1)

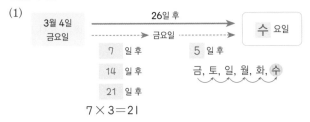

$7 \times 3 = 21$

(2)

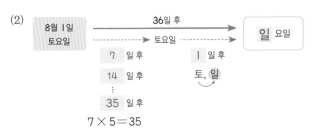

$7 \times 5 = 35$

(3)

$7 \times 6 = 42$

③ 달력

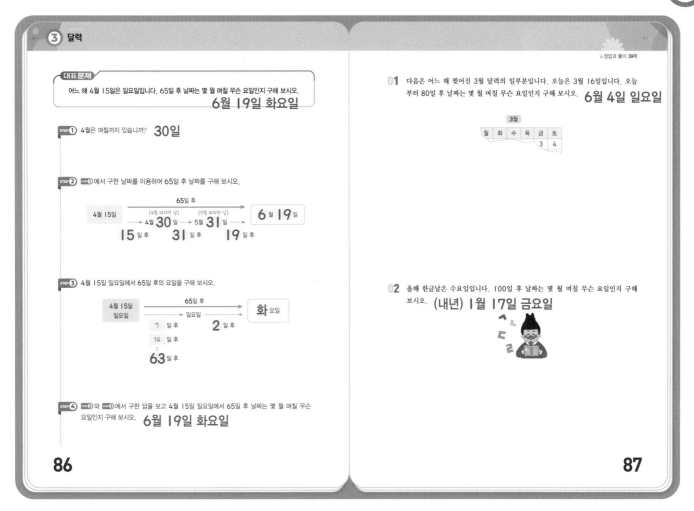

대표문제

어느 해 4월 15일은 일요일입니다. 65일 후 날짜는 몇 월 며칠 무슨 요일인지 구해 보시오.
6월 19일 화요일

STEP① 4월은 며칠까지 있습니까? **30일**

STEP② STEP①에서 구한 날짜를 이용하여 65일 후 날짜를 구해 보시오.

STEP③ 4월 15일 일요일에서 65일 후의 요일을 구해 보시오.

STEP④ STEP②와 STEP③에서 구한 답을 보고 4월 15일 일요일에서 65일 후 날짜는 몇 월 며칠 무슨 요일인지 구해 보시오. **6월 19일 화요일**

86

▶ 정답과 풀이 39쪽

01 다음은 어느 해 찢어진 3월 달력의 일부분입니다. 오늘은 3월 16일입니다. 오늘 부터 80일 후 날짜는 몇 월 며칠 무슨 요일인지 구해 보시오. **6월 4일 일요일**

02 올해 한글날은 수요일입니다. 100일 후 날짜는 몇 월 며칠 무슨 요일인지 구해 보시오. **(내년) 1월 17일 금요일**

87

대표문제

STEP① 4월은 30일까지 있습니다.

STEP② 4월의 마지막 날은 30일이고, 5월의 마지막 날은 31일입니다. 주어진 날에서 각 달의 마지막 날은 며칠 후인지 구한 다음 65일 후의 날짜를 구합니다.

$30-15=15(일)$　　　$65-15-31=19(일)$

STEP③ 7일마다 같은 요일이 반복되므로 63일 후는 일요일입니다. 65일 후는 63일 후의 2일 후이므로 화요일입니다.

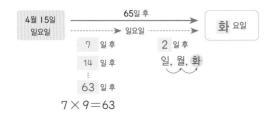

$7 \times 9 = 63$

STEP④ 6월 19일 화요일

01 3월은 31일, 4월은 30일, 5월은 31일이 각 달의 마지막 날이므로 80일 후의 날짜를 구하면 6월 4일입니다.

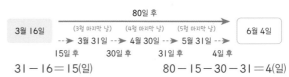

$31-16=15(일)$　　　$80-15-30-31=4(일)$

주어진 달력에서 3월 3일은 금요일이므로 3월 10일, 3월 17일도 금요일이고, 3월 16일은 목요일입니다. 7일마다 같은 요일이 반복되는 것을 이용하여 6월 4일의 요일을 구합니다.

$7 \times 11 = 77$　　　목, 금, 토, 일

02 한글날은 10월 9일이고, 10월은 31일, 11월은 30일, 12월은 31일이 각 달의 마지막 날이므로 100일 후의 날짜를 구하면 1월 17일입니다.

$31-9=22(일)$　　　$100-22-30-31=17(일)$

한글날인 10월 9일은 수요일입니다. 7일마다 같은 요일이 반복되므로 $7 \times 14 = 98(일)$후의 요일도 수요일입니다.
따라서 100일 후의 요일은 금요일입니다.

Creative 팩토*

> 정답과 풀이 **40**쪽

01 길이가 8cm인 선분 ㉮㉲에 다음과 같이 3개의 점을 찍었습니다. 이때, 선분 ㉮㉯, 선분 ㉮㉱, 선분 ㉯㉱, 선분 ㉱㉲, 선분 ㉲㉯ 중 길이를 알 수 없는 선분을 모두 찾아보시오. (단, 선분 ㉮㉱의 길이는 5cm이고, 선분 ㉯㉲의 길이는 6cm입니다.)

선분 ㉯㉱, 선분 ㉱㉲

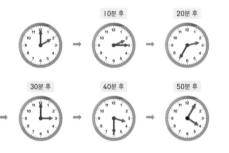

03 은수네 집 시계는 Ⅰ시간에 몇 분씩 일정하게 빨라집니다. 어느 날 오전 9시에 시계를 맞춰놓고 같은 날 오후 3시에 시계를 보니 오후 4시였습니다. 고장 난 시계는 Ⅰ시간에 몇 분씩 빨라지는지 구해 보시오. **Ⅰ0분**

02 고장 난 시계를 Ⅰ0분마다 관찰하여 그 모양을 그린 것입니다. 50분 후의 시계 모양을 그려 보시오.

	Ⅰ0분 후	20분 후

30분 후	40분 후	50분 후

04 6월 6일 목요일은 현충일입니다. 같은 해 22일 전 날짜는 몇 월 며칠 어떤 날이고 무슨 요일인지 구해 보시오. **5월 Ⅰ5일 스승의 날이고, 수요일**

01 · (선분 ㉮㉯의 길이)＝(선분 ㉮㉲의 길이)－(선분 ㉯㉲의 길이)＝8－6＝2(cm)

· (선분 ㉱㉲의 길이)＝(선분 ㉮㉲의 길이)－(선분 ㉮㉱의 길이)＝8－5＝3(cm)

따라서 길이를 알 수 없는 선분은 선분 ㉯㉱와 선분 ㉱㉲입니다.

02 Ⅰ0분마다 고장 난 시계가 나타내는 시각을 표로 나타내어 봅니다.

	고장 난 시계	Ⅰ0분 동안 긴바늘이 움직인 시간
시작	2시	
Ⅰ0분 후	2시 Ⅰ5분	15분 ┐ +5
20분 후	2시 35분	20분 ┘ +5
30분 후	3시	25분 ┘ +5
40분 후	3시 30분	30분 ┘ +5
50분 후	?	35분 ┘

고장 난 시계의 긴바늘이 Ⅰ0분 동안 움직이는 시간의 규칙을 찾아보면 Ⅰ0분마다 움직이는 시간이 5분씩 더 늘어납니다.

따라서 40분 후 3시 30분부터 긴바늘이 35분을 움직이므로 50분 후의 시각은 4시 5분입니다.

03 오전 9시부터 같은 날 오후 3시까지 6시간 동안 Ⅰ시간(60분)이 빨라졌습니다.

따라서 이 시계는 Ⅰ시간에 Ⅰ0분씩 빨라집니다.

04 · 5월의 마지막 날은 5월 3Ⅰ일입니다. 따라서 6월 6일에서 22일 전의 날짜를 구하면 5월 Ⅰ5일입니다.

· 6월 6일은 목요일이고, 7일마다 같은 요일이 반복되므로 7×3＝2Ⅰ(일)전은 목요일입니다.

따라서 22일 전은 수요일입니다.

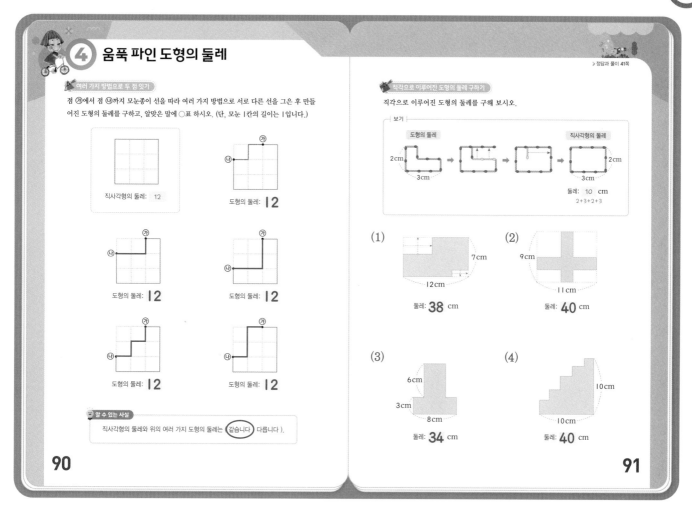

④ 움푹 파인 도형의 둘레

▷정답과 풀이 41쪽

여러 가지 방법으로 두 점 잇기

직각으로 꺾인 도형은 꺾이기 전의 직사각형과 둘레가 같습니다.

직각으로 이루어진 도형의 둘레 구하기

주어진 도형의 변을 움직여 직사각형을 만든 다음 둘레를 구합니다.

(1) (도형의 둘레)＝12＋7＋12＋7＝38(cm)

(2)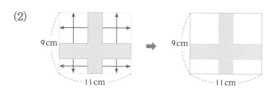

(도형의 둘레)＝11＋9＋11＋9＝40(cm)

(3)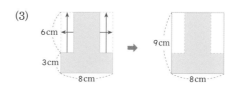

(도형의 둘레)＝8＋9＋8＋9＝34(cm)

(4)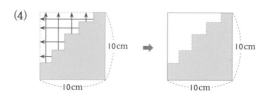

(도형의 둘레)＝10＋10＋10＋10＝40(cm)

④ 움푹 파인 도형의 둘레

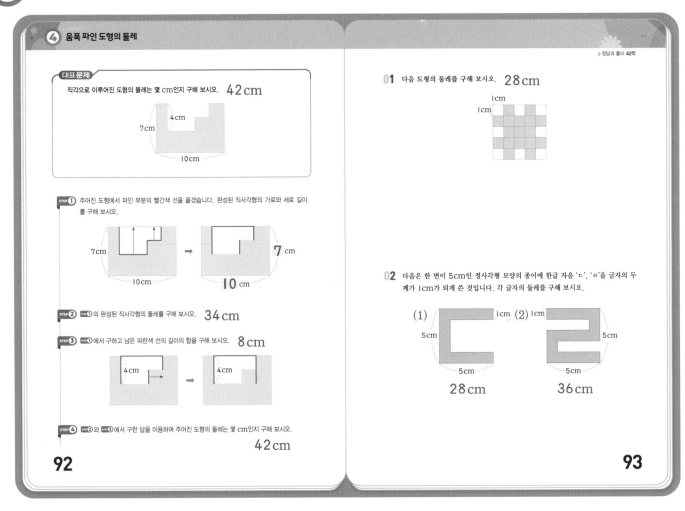

대표문제

직각으로 이루어진 도형의 둘레는 몇 cm인지 구해 보시오. **42 cm**

STEP ① 주어진 도형에서 파인 부분의 빨간색 선을 옮겼습니다. 완성된 직사각형의 가로와 세로 길이를 구해 보시오.

STEP ② STEP①의 완성된 직사각형의 둘레를 구해 보시오. **34 cm**

STEP ③ STEP①에서 구하고 남은 파란색 선의 길이의 합을 구해 보시오. **8 cm**

STEP ④ STEP②와 STEP③에서 구한 답을 이용하여 주어진 도형의 둘레는 몇 cm인지 구해 보시오.
42 cm

92

> 정답과 풀이 42쪽

01 다음 도형의 둘레를 구해 보시오. **28 cm**

02 다음은 한 변이 5cm인 정사각형 모양의 종이에 한글 자음 'ㄷ', 'ㄹ'을 글자의 두께가 1cm가 되게 쓴 것입니다. 각 글자의 둘레를 구해 보시오.

(1) 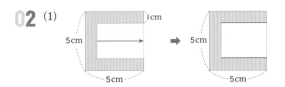 (2)

28 cm   36 cm

93

대표문제

STEP ① 주어진 도형의 빨간색 선을 옮기면 직사각형이 됩니다.

STEP ② (직사각형의 둘레)=10+7+10+7=34(cm)

STEP ③ 파란색 선의 길이는 4+4=8(cm)입니다.

STEP ④ (주어진 도형의 둘레)=(완성된 직사각형의 둘레)+(파란색 선의 길이)=34+8=42(cm)

01 주어진 도형에서 꺾이거나 파인 곳의 변을 옮기면 다음 그림과 같습니다.

(주어진 도형의 둘레)=(한 변이 5cm인 정사각형의 둘레)+(모눈 8칸의 길이)=5+5+5+5+8=28(cm)

02 (1)

(도형의 둘레)=(한 변이 5cm인 정사각형의 둘레)+(안쪽 선분 2개의 길이)=(5+5+5+5)+(4+4)=28(cm)

(2)

(도형의 둘레)=(한 변이 5cm인 정사각형의 둘레)+(안쪽 선분 4개의 길이)=(5+5+5+5)+(4+4+4+4)=36(cm)

⑤ 가짜 금화 찾기

▶정답과 풀이 43쪽

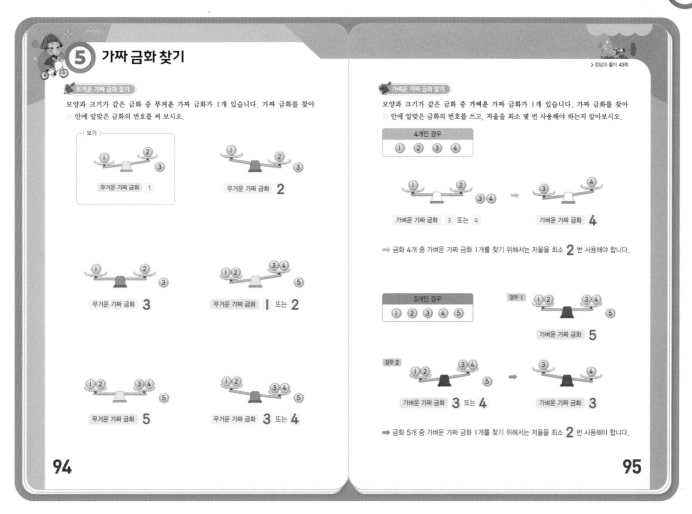

무거운 가짜 금화 찾기

모양과 크기가 같은 금화 중 **무거운 가짜 금화**가 1개 있습니다. 가짜 금화를 찾아 ☐ 안에 알맞은 금화의 번호를 써 보시오.

보기

무거운 가짜 금화 1

무거운 가짜 금화 **2**

무거운 가짜 금화 **3**

무거운 가짜 금화 **1** 또는 **2**

무거운 가짜 금화 **5**

무거운 가짜 금화 **3** 또는 **4**

가벼운 가짜 금화 찾기

모양과 크기가 같은 금화 중 **가벼운 가짜 금화**가 1개 있습니다. 가짜 금화를 찾아 ☐ 안에 알맞은 금화의 번호를 쓰고, 저울을 최소 몇 번 사용해야 하는지 알아보시오.

4개인 경우
① ② ③ ④

가벼운 가짜 금화 3 또는 4 → 가벼운 가짜 금화 **4**

➡ 금화 4개 중 가벼운 가짜 금화 1개를 찾기 위해서는 저울을 최소 **2** 번 사용해야 합니다.

5개인 경우
① ② ③ ④ ⑤

경우 1
가벼운 가짜 금화 **5**

경우 2
가벼운 가짜 금화 3 또는 4 → 가벼운 가짜 금화 **3**

➡ 금화 5개 중 가벼운 가짜 금화 1개를 찾기 위해서는 저울을 최소 **2** 번 사용해야 합니다.

94　95

무거운 가짜 금화 찾기

모양과 크기가 같은 금화 중 무거운 금화 1개가 가짜 금화이기 때문에 양팔 저울의 한쪽이 기울어진 경우 내려간 쪽에 가짜 금화가 있습니다.
또한 양팔 저울이 수평인 경우 양팔 저울에 올려놓지 않은 금화가 가짜 금화입니다.

가벼운 가짜 금화 찾기

모양과 크기가 같은 금화 중 가벼운 금화 1개가 가짜 금화이기 때문에 양팔 저울의 한쪽이 기울어진 경우 올라간 쪽에 가짜 금화가 있습니다.
또한 양팔 저울이 수평인 경우 양팔 저울에 올려놓지 않은 금화가 가짜 금화입니다.

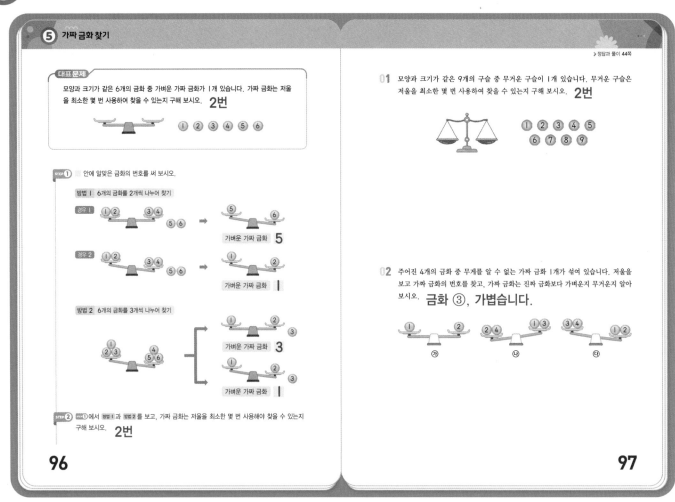

대표문제

STEP ① 6개의 금화를 2개씩 나누거나 3개씩 나누어 찾을 때 양팔저울을 2번 사용하면 가벼운 가짜 금화를 찾을 수 있습니다.

01 모양과 크기가 같은 9개 구슬 중 무거운 구슬을 찾는 방법은 다음과 같습니다.

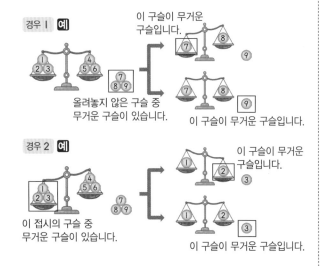

경우 1 예

이 구슬이 무거운 구슬입니다.

올려놓지 않은 구슬 중 무거운 구슬이 있습니다.

이 구슬이 무거운 구슬입니다.

경우 2 예

이 구슬이 무거운 구슬입니다.

이 접시의 구슬 중 무거운 구슬이 있습니다.

이 구슬이 무거운 구슬입니다.

따라서 저울을 최소 2번 사용하면 무거운 구슬을 찾을 수 있습니다.

02 모양과 크기가 같은 4개의 금화 중 가짜 금화를 찾고 가벼운지 무거운지를 알아보는 방법은 다음과 같습니다.

경우 1 가짜 금화가 가벼운 경우

이 접시의 금화 중 가짜 금화가 있습니다.

이 접시의 금화 중 가짜 금화가 있습니다.

①, ②는 가짜 금화가 아닙니다.

가짜 금화: ①, ③

가짜 금화: ③, ④

㉮ 저울에서 ①, ②는 진짜 금화이고, ㉯와 ㉰ 저울에서 가벼운 쪽에 모두 있는 금화 ③이 가짜 금화입니다.

경우 2 가짜 금화가 무거운 경우

이 접시의 금화 중 가짜 금화가 있습니다.

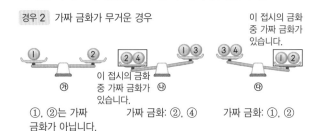

이 접시의 금화 중 가짜 금화가 있습니다.

①, ②는 가짜 금화가 아닙니다.

가짜 금화: ②, ④

가짜 금화: ①, ②

㉮ 저울에서 ①, ②는 진짜 금화이기 때문에 ㉯와 ㉰ 저울에서 무거운 쪽에 모두 있는 금화 ②가 무거운 가짜 금화가 될 수 없습니다. 따라서 가짜 금화는 ③이고, 진짜 금화보다 가볍습니다.

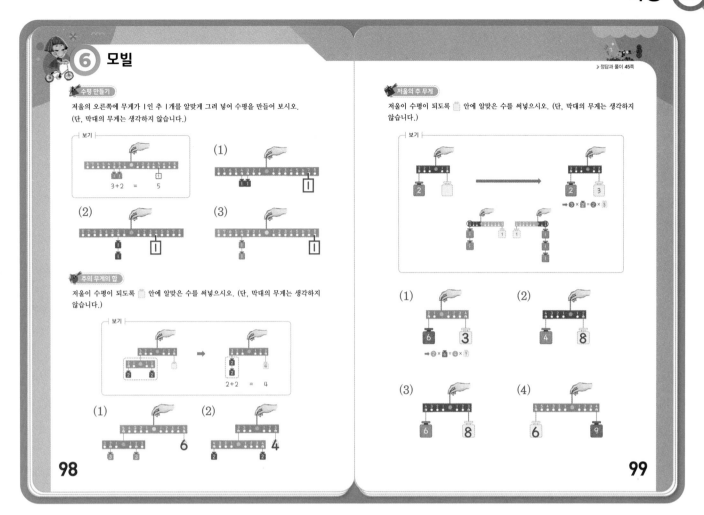

98

99

수평 만들기

저울에서 추는 중심과의 거리가 멀수록 무게가 무거워집니다.
저울이 수평이 되게 만들려면 양쪽에 달린 추의 무게를 같게 하는
것이므로 추의 개수, 무게를 등식으로 표현하여 알맞은 곳에 알맞은
무게의 추를 그려 넣습니다.

(1) $4+3=7$

(2) $2+2=4$

(3) $4+4=8$

추의 무게의 합

㉯ 부분의 추의 무게는 ㉮ 부분의 추의 무게와 같습니다.

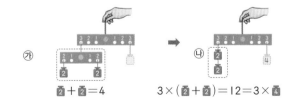

$$2+2=4 \qquad 3\times(2+2)=12=3\times4$$

(1) $5\times(3+3)=5\times\square \Rightarrow \square=6$

(2) $3\times(2+2)=3\times\square \Rightarrow \square=4$

저울의 추 무게

(2) $4\times4=2\times\square \Rightarrow \square=8$

(3) $4\times6=3\times\square \Rightarrow \square=8$

(4) $6\times\square=4\times9 \Rightarrow \square=6$

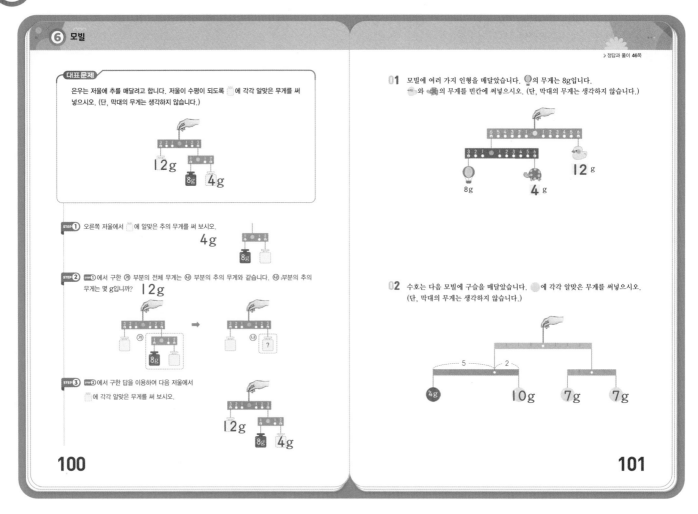

⑥ 모빌

▶ 정답과 풀이 46쪽

대표문제

은우는 저울에 추를 매달려고 합니다. 저울이 수평이 되도록 ▨에 각각 알맞은 무게를 써 넣으시오. (단, 막대의 무게는 생각하지 않습니다.)

STEP ① 오른쪽 저울에서 ▨에 알맞은 추의 무게를 써 보시오.

STEP ② STEP①에서 구한 ㉮ 부분의 전체 무게는 ㉯ 부분의 추의 무게와 같습니다. ㉯부분의 추의 무게는 몇 g입니까? 12g

STEP ③ STEP②에서 구한 답을 이용하여 다음 저울에서 ▨에 각각 알맞은 무게를 써 보시오.

01 모빌에 여러 가지 인형을 매달았습니다. ◯의 무게는 8g입니다. 🐘와 🐤의 무게를 빈칸에 써넣으시오. (단, 막대의 무게는 생각하지 않습니다.)

02 수호는 다음 모빌에 구슬을 매달았습니다. ◯에 각각 알맞은 무게를 써넣으시오. (단, 막대의 무게는 생각하지 않습니다.)

100

101

대표문제

STEP ① $1 × 8g = 2 × ▨ \Rightarrow ▨ = 4g$

STEP ② ㉯ 부분의 추의 무게는 ㉮ 부분의 전체 무게와 같으므로 $8g + 4g = 12(g)$입니다.

STEP ③ STEP②에서 ㉯ 부분의 추의 무게는 12g입니다.
파란색 저울의 중심에서 양쪽 부분의 거리가 같으므로 맨 왼쪽에 매달려 있는 추의 무게는 12g입니다.

01 🐘의 무게: $3 × 8 = 6 × 🐘$
$24 = 6 × 🐘$
$4 = 🐘$

㉯ 부분의 추의 무게는 ㉮ 부분의 전체 무게와 같으므로 $8 + 4 = 12(g)$입니다.

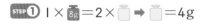

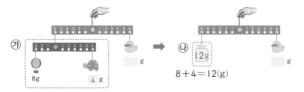

따라서 ㉯ 부분의 추의 무게는 12g이고, 오리가 매달려 있는 위치와 중심과의 거리가 같으므로 오리의 무게는 12g입니다.

02 ◯의 무게: $5 × 4 = 2 × ◯$
$20 = 2 × ◯$
$10 = ◯$

㉯ 부분의 전체 무게는 ㉮ 부분의 전체 무게와 같으므로 $4 + 10 = 14(g)$입니다.

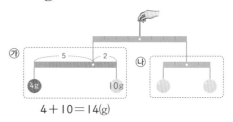

㉯ 부분의 전체 무게는 14g이고, 구슬이 매달려 있는 위치의 간격이 같으므로 각 구슬의 무게는 7g입니다.

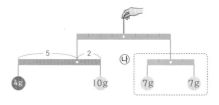

Creative 팩토

▶정답과 풀이 47쪽

01 그림과 같이 직사각형 모양의 종이에서 정사각형 모양의 종이를 3장 잘라내었습니다. 색칠한 부분의 둘레를 구해 보시오. **64cm**

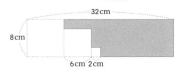

02 한 변이 10cm인 정사각형 모양의 종이를 심술쟁이 염소가 한 입 베어 먹었습니다. 남은 종이의 둘레를 재어 보니 44cm였습니다. 염소가 베어 먹어서 생긴 이빨 자국의 길이를 구해 보시오. **10cm**

03 모양과 크기가 같은 빵 5개 중 가벼운 빵 1개가 섞여 있습니다. 양팔 저울을 한 번 사용할 때마다 사용료가 1000원이라면 양팔 저울을 최소한으로 사용하여 가벼운 빵을 찾으려고 할 때, 총 사용료는 얼마인지 구해 보시오. **2000원**

04 모빌에 매달아 놓은 말 인형의 무게는 2g입니다. 코끼리 인형과 곰 인형 무게를 빈칸에 써넣으시오. (단, 막대의 무게는 생각하지 않습니다.)

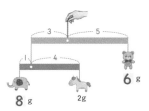

102

103

---

01 잘라내고 남은 부분의 길이를 구해 그려 보면 다음과 같습니다.

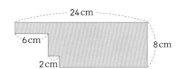

위 도형은 가로 24cm, 세로 8cm인 직사각형과 둘레가 같으므로 (색칠한 부분의 둘레)＝24＋8＋24＋8＝64(cm)입니다.

02 (염소가 베어 먹기 전의 정사각형의 둘레)
＝10＋10＋10＋10＝40(cm)
염소가 베어 먹어서 생긴 자국의 길이를 □cm라 할 때,
(염소가 베어 먹고 난 이후에 생긴 도형의 둘레)
＝40－6＋□＝44(cm)
34＋□＝44, □＝10(cm)
따라서 염소가 베어 먹어서 생긴 이빨 자국의 길이는 10cm입니다.

03 모양과 크기가 같은 빵 5개 중 가벼운 빵 1개를 찾는 방법은 다음과 같습니다.

경우 1 **예**

올려놓지 않은 빵이 가벼운 빵입니다.

경우 2 **예**

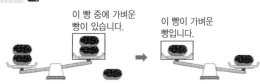

이 빵 중에 가벼운 빵이 있습니다. → 이 빵이 가벼운 빵입니다.

따라서 양팔 저울을 최소 2번 사용하면 가벼운 빵을 찾을 수 있으므로 저울의 총 사용료는
2×1000＝2000(원)입니다.

04 🐘의 무게: 1×🐘＝4×2
1×🐘＝8
🐘＝8

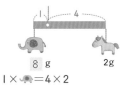

1×🐘＝4×2

㉮ 부분의 전체 무게는 8＋2＝10(g)이므로,
🐻의 무게는 3×10＝5×🐻
30＝5×🐻
6＝🐻

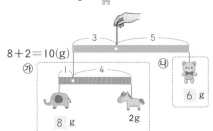

8＋2＝10(g)

01 모눈종이를 그림과 같이 잘라서 3조각으로 나누었습니다. 각 조각들의 둘레를 모두 더하면 몇 cm인지 구해 보시오. **40 cm**

02 다음 그림에서 사각형 ㉮, ㉯, ㉰는 모두 정사각형입니다. 색칠한 부분의 둘레를 구해 보시오. **6 cm**

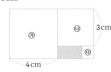

03 모양과 크기가 같은 10개의 구슬에 다음과 같이 번호를 붙였습니다. 이 중 8개는 모두 무게가 같고, 나머지 2개는 서로 무게는 같지만 다른 8개보다 가볍습니다. 다음 양팔 저울을 보고 가벼운 구슬 2개의 번호를 써 보시오. **①, ⑦**

04 수평을 이루고 있는 모빌에 달린 수박, 오렌지 인형의 무게를 각각 구해 보시오. (단, 막대의 무게는 생각하지 않고, 막대 한 칸의 길이는 같습니다.)

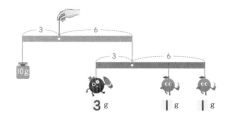

---

01 도형을 다음과 같이 ㉮, ㉯, ㉰로 나누어 보면, ㉮와 ㉯는 가로 3 cm, 세로 3 cm인 정사각형에서 직각으로 꺾인 도형이고, ㉰는 가로 4 cm, 세로 4 cm인 정사각형에서 직각으로 꺾인 도형입니다.

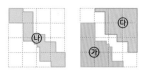

(㉮의 둘레)=(㉯의 둘레)=3+3+3+3=12(cm)
(㉰의 둘레)=4+4+4+4=16(cm)
따라서 (㉮, ㉯, ㉰ 3조각의 둘레의 합)=12+16+12 =40(cm)입니다.

02

• (②의 길이)=(㉰의 한 변의 길이)
  =(㉮의 한 변의 길이)-(㉯의 한 변의 길이)
  =4-3=1(cm)
• (①의 길이)=(㉯의 한 변의 길이)-(㉰의 한 변의 길이)
  =3-1=2(cm)
따라서 (색칠한 부분의 둘레)=2+2+1+1=6(cm) 입니다.

03 모양과 크기가 같은 10개 구슬 중 가벼운 구슬 2개를 찾는 방법은 다음과 같습니다.

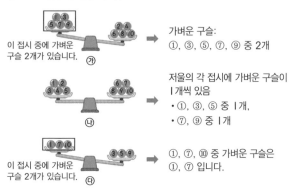

이 접시 중에 가벼운 구슬 2개가 있습니다. ㉮ → 가벼운 구슬:
①, ③, ⑤, ⑦, ⑨ 중 2개

㉯ → 저울의 각 접시에 가벼운 구슬이 1개씩 있음
• ①, ③, ⑤ 중 1개,
• ⑦, ⑨ 중 1개

이 접시 중에 가벼운 구슬 2개가 있습니다. ㉰ → ①, ⑦, ⑩ 중 가벼운 구슬은 ①, ⑦ 입니다.

04 ㉮ 부분 전체의 무게: 3×10=6×㉮ ➡ ㉮=5(g)입니다.
㉮ 부분이 수평을 이루고 있으므로
3×🍉=3×🍊+6×🍊, 3×🍉=9×🍊,
🍉=3×🍊 ➡ 🍉=🍊×3
🍉+🍊+🍊=5, 3×🍊+2×🍊=5,
5×🍊=5 ➡ 🍊=1g, 🍉=3g

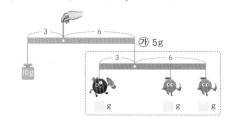

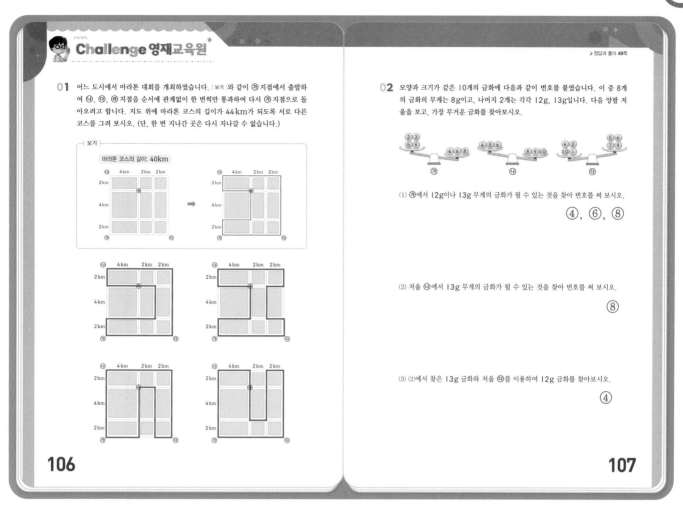

01 어느 도시에서 마라톤 대회를 개최하였습니다. |보기|와 같이 ㉮지점에서 출발하여 ㉯, ㉰, ㉱지점을 순서에 관계없이 한 번씩만 통과하여 다시 ㉮지점으로 돌아오려고 합니다. 지도 위에 마라톤 코스의 길이가 44km가 되도록 서로 다른 코스를 그려 보시오. (단, 한 번 지나간 곳은 다시 지나갈 수 없습니다.)

02 모양과 크기가 같은 10개의 금화에 다음과 같이 번호를 붙였습니다. 이 중 8개의 금화의 무게는 8g이고, 나머지 2개는 각각 12g, 13g입니다. 다음 양팔 저울을 보고, 가장 무거운 금화를 찾아보시오.

(1) ㉮에서 12g이나 13g 무게의 금화가 될 수 있는 것을 찾아 번호를 써 보시오.

④, ⑥, ⑧

(2) 저울 ㉯에서 13g 무게의 금화가 될 수 있는 것을 찾아 번호를 써 보시오.

⑧

(3) (2)에서 찾은 13g 금화와 저울 ㉰를 이용하여 12g 금화를 찾아보시오.

④

106

107

01 도시의 가장 바깥쪽 길만 돌 경우,
정사각형 모양의 코스의 길이는 8+8+8+8=32(km)
입니다. 따라서 44km의 코스를 가려면 정사각형의 둘레에
12km가 더해지도록 움푹 파인 곳을 그리면 됩니다.

02 (1) ㉮ 저울에서 내려간 쪽에 무거운 금화 2개가 있습니다.

이 접시에 무거운 금화 2개가 있습니다.

㉮

(2) ㉯ 저울에는 ④, ⑥, ⑧번 금화가 모두 있습니다. 따라서 저울이 내려간 쪽의 8번이 13g 금화이고, ④, ⑥번 중에 12g 금화가 있습니다.

이 접시에 무거운 금화가 있습니다.

㉯

(3) ㉰ 저울에서 ④, ⑥번 금화 중 ④번 금화가 있는 곳의 접시가 밑으로 내려갔으므로, ④번 금화가 12g인 금화입니다.

이 접시에 무거운 금화가 있습니다.

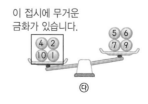

㉰

평가

형성평가 수 영역

01 연우는 76쪽부터 시작해서 132쪽까지 역사책을 읽었습니다. 연우가 읽은 역사책 쪽수에 쓰여 있는 숫자는 모두 몇 개인지 구해 보시오. **147개**

02 주어진 4장의 숫자 카드 중 3장을 사용하여 세 자리 수를 만들려고 합니다. 만들 수 있는 수 중 가장 큰 수와 둘째로 작은 수의 차를 구해 보시오. **516**

| 9 | 4 | 5 | 7 |

03 주어진 4장의 숫자 카드 중 3장을 사용하여 조건을 만족하는 세 자리 수를 모두 몇 개 만들 수 있는지 구해 보시오. **8개**

400보다 큰 수이고, 십의 자리에는 짝수만 들어갈 수 있어.

04 주어진 6장의 수 카드를 모두 사용하여 조건 에 맞는 가장 큰 수를 만들어 보시오.

| 1 | 1 | 2 | 2 | 3 | 3 |

조건
① 3 과 3 사이에 있는 수 카드에 적힌 수의 합은 3입니다.
② 2 와 2 사이에 있는 수 카드에 적힌 수의 합은 4입니다.

3 2 1 3 2 1

2

3

---

01 · 두 자리 수: 76 ~ 99
→ 수의 개수: 99 − 76 + 1 = 24(개)
숫자의 개수: 24 × 2 = 48(개)
· 세 자리 수: 100 ~ 132
→ 수의 개수: 33개
숫자의 개수: 33 × 3 = 99(개)
따라서 숫자는 모두 48 + 99 = 147(개)입니다.

02 9 > 7 > 5 > 4이므로 만들 수 있는 가장 큰 수는 975, 가장 작은 수는 457, 둘째로 작은 수는 459입니다.
따라서 가장 큰 수와 둘째로 작은 수의 차는
975 − 459 = 516입니다.

03 순서대로 조건에 맞게 수를 구해 봅니다.
① 400보다 큰 수: 5□□, 7□□
② 십의 자리 수는 짝수: □0□, □2□
→ 조건에 맞는 수: 502, 507, 520, 527, 702, 705, 720, 725
따라서 조건에 맞는 수는 모두 8개 만들 수 있습니다.

04 조건에 맞게 수 카드를 배열합니다.
① 3과 3 사이에 있는 수 카드에 적힌 수의 합은 3입니다.
합이 3이 되는 수 카드: 1 2
② 2와 2 사이에 있는 수 카드에 적힌 수의 합은 4입니다.
합이 4가 되는 수 카드: 1 3
조건에 ①과 ②를 만족하면서 가장 큰 수는
3 2 1 3 2 1 입니다.

05 윤서는 99쪽짜리 소설책을 가지고 있습니다. 윤서가 가지고 있는 소설책에서 각 자리 수의 합이 12이면서 두 자리 홀수인 쪽수는 모두 몇 쪽인지 구해 보시오. **4쪽**

06 주어진 4장의 숫자 카드 중 3장을 사용하여 세 자리 수를 만들 때, 123보다 큰 홀수는 모두 몇 개인지 구해 보시오. **7개**

| 0 | 4 | 3 | 1 |

07 주어진 4장의 숫자 카드를 모두 사용하여 네 자리 수를 만들려고 합니다. 셋째로 큰 수와 둘째로 작은 수의 차를 구해 보시오. **5283**

| 7 | 8 | 3 | 0 |

08 달력에 있는 날짜를 다음과 같이 수로 나타낸다고 할 때, 4월의 달력에서 날짜가 팔린드롬 수로 나타내어지는 것은 모두 며칠인지 구해 보시오. **3일**

1월 1일 ➡ 101   3월 13일 ➡ 313

4

5

05 합이 12가 되는 두 수: (3, 9), (4, 8), (5, 7), (6, 6), (7, 5), (8, 4), (9, 3)

위의 두 수로 만들 수 있는 홀수: 39, 57, 75, 93

따라서 각 자리 수의 합이 12이면서 두 자리 홀수인 쪽수는 모두 4쪽입니다.

06 홀수이기 때문에 일의 자리에는 1과 3만 놓을 수 있습니다. 또한 세 자리 수를 만들어야 하므로 백의 자리에 0을 놓을 수 없습니다.

1	0	3		1	4	3
3	0	1		3	4	1
4	0	1		4	0	3
4	1	3		4	3	1

이 중 123보다 큰 홀수는 모두 7개입니다.

07 8>7>3>0이므로 만들 수 있는 가장 큰 수는 8730, 둘째로 큰 수는 8703, 셋째로 큰 수는 8370입니다.

만들 수 있는 가장 작은 수는 3078, 둘째로 작은 수는 3087입니다.

따라서 셋째로 큰 수와 둘째로 작은 수의 차는 8370－3087＝5283입니다.

08 4월은 30일까지 있습니다.

4로 시작하고, 4로 끝나는 세 자리 수는 404, 414, 424, 434⋯입니다.

404 → 4월 4일

414 → 4월 14일

424 → 4월 24일

4월 34일은 없으므로, 팔린드롬 수로 나타낼 수 있는 날짜는 모두 3일입니다.

평가

09 다음 │조건│에 맞는 수를 찾아 써 보시오. **142**

> │조건│
> ① 200보다 작은 세 자리 수입니다.
> ② 백의 자리 수와 십의 자리 수의 합은 5입니다.
> ③ 십의 자리 수는 일의 자리 수의 2배입니다.

10 현준이가 말한 것을 보고 현준이의 비밀 금고의 비밀번호를 구해 보시오. **999**

내 비밀 금고의 비밀번호는
세 자리 팔린드롬 수야.
일의 자리 수는 7보다
큰 홀수이면서 백의 자리 수와
십의 자리 수의 차는 0이야.

수고하셨습니다!

6

정답과 풀이 50쪽 ▶

---

09 • 200보다 작은 세 자리 수: 1□□
• 백의 자리 수와 십의 자리 수의 합은 5: 14□
• 십의 자리 수는 일의 자리 수의 2배: 142
따라서 조건에 맞는 수는 142입니다.

10 ① 세 자리 팔린드롬 수 중 일의 자리 수가 7보다 큰 홀수:
9□9
② 백의 자리 수와 십의 자리 수의 차가 0: 999
따라서 현준이의 비밀 금고의 비밀번호는 999입니다.

형성평가 퍼즐 영역

01 노노그램의 규칙 에 따라 빈칸을 알맞게 색칠해 보시오.

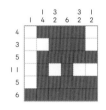

02 길 찾기 퍼즐의 규칙 에 따라 두더지가 집까지 가는 길을 그려 보시오.

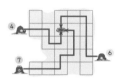

03 폭탄 찾기 퍼즐의 규칙 에 따라 폭탄을 찾아 ○표 하고, 폭탄의 개수를 구해 보시오. **7개**

04 스도쿠의 규칙 에 따라 빈칸에 알맞은 수를 써넣으시오.

8

9

01 반드시 채워야 하는 6칸을 먼저 색칠하고, 색칠하지 않아야 하는 칸에는 ×표를 해 가며 퍼즐을 해결합니다.

02 두더지가 지나가는 칸에 번호를 쓰면 집까지 가는 길의 칸의 수를 알 수 있습니다.

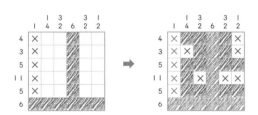
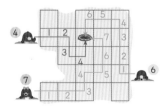

03 폭탄 찾기 퍼즐의 전략에 따라 폭탄이 꼭 있어야 하는 칸에는 ○표, 폭탄이 없는 칸에는 ×표를 하여 퍼즐을 해결합니다.

04 가로줄과 세로줄 및 굵은 선으로 나누어진 부분에서 1, 2, 3, 4, 5, 6 중 빠진 수를 찾습니다.

평가

05 가쿠로 퍼즐의 |규칙|에 따라 빈칸에 알맞은 수를 써넣으시오.

| 규칙 |
① 색칠한 삼각형 안의 수는 삼각형의 오른쪽 또는 아래쪽으로 쓰인 수들의 합입니다.
② 빈칸에는 1부터 9까지의 수를 쓸 수 있습니다.
③ 삼각형과 연결된 한 줄에는 같은 수를 쓸 수 없습니다.

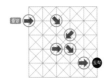

06 화살표 퍼즐의 |규칙|에 따라 ⊗ 안에 화살표를 알맞게 그려 넣으시오.

| 규칙 |
① 화살표가 가리키는 방향으로 움직이다가 다른 화살표를 만나면 방향을 바꾸어 움직입니다.
② 모든 화살표를 지나 도착으로 나와야 합니다.
③ 같은 색의 ⊗는 같은 방향, 다른 색의 ⊗는 다른 방향을 나타냅니다.

07 |규칙|에 따라 낚시대와 물고기를 연결하는 선을 그려 보시오.

| 규칙 |
① ● 안의 수는 낚시줄이 물고기와 연결될 때 지나가는 칸의 수입니다.
② 각 낚시대는 서로 다른 물고기 한 마리와 연결됩니다.
③ 낚시줄은 가로나 세로로만 갈 수 있습니다.
④ 한 번 지난 칸은 다시 지날 수 없고, 서로 다른 낚시대는 같은 칸을 지날 수 없습니다.

08 가쿠로 퍼즐의 |규칙|에 따라 빈칸에 알맞은 수를 써넣으시오.

| 규칙 |
① 색칠한 삼각형 안의 수는 삼각형의 오른쪽 또는 아래쪽으로 쓰인 수들의 합입니다.
② 빈칸에는 1부터 9까지의 수를 쓸 수 있습니다.
③ 삼각형과 연결된 한 줄에는 같은 수를 쓸 수 없습니다.

10

11

05
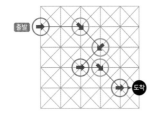

06 거꾸로 가는 길을 그리면서 생각합니다.
도착에 도착하려면 주황색 원의 화살표는 ➡가 되어야 합니다.
주황색 원에 도착하려면 파란색 원의 화살표는 ↘가 되어야 합니다.
파란색 원에 도착하려면 초록색 원의 화살표는 ↙가 되어야 합니다.

07

08

형성평가 퍼즐 영역

09 규칙에 따라 빈칸에 알맞은 수를 써넣으시오.

1, 2, 3, 4, 5

규칙
① 가로줄과 세로줄의 각 칸에 주어진 수가 한 번씩만 들어갑니다.
② 색칠된 도형의 각 칸에 주어진 수가 한 번씩만 들어갑니다.

2	1	3	**4**	5
1	4	**5**	2	**3**
3	**2**	1	5	**4**
5	3	4	**1**	2
4	**5**	**2**	**3**	1

10 규칙에 따라 폭탄을 찾아 ○표 하고, 폭탄의 개수를 구해 보시오. **9개**

규칙
수를 둘러싼 칸에 그 수만큼 폭탄이 숨겨져 있습니다.

수고하셨습니다!

12

정답과 풀이 53쪽 ▶

---

09 가로줄과 세로줄 및 색칠된 도형으로 나누어진 부분에서 1, 2, 3, 4, 5 중 빠진 수를 찾습니다.

2	1	3	4	5
1	4	5	2	
3	2	1	5	
5	3	4		2
				1

➡

2	1	3	4	5
1	4	5	2	3
3	2	1	5	4
5	3	4	1	2
4	5	2	3	1

10 수를 둘러싼 곳을 확인하고, 폭탄이 있는 곳은 ○표, 폭탄이 없는 곳은 ✕표를 하여 퍼즐을 해결합니다.

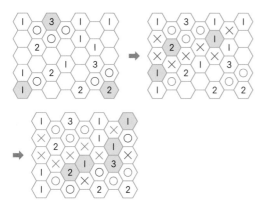

형성평가 측정 영역

01 1시간에 6분씩 빨리 가는 시계 ㉮와 1시간에 3분씩 느리게 가는 시계 ㉯가 있습니다. 어느 날 낮 10시에 두 시계를 정확하게 맞추어 놓았다면, 3시간이 지난 후 두 시계가 가리키는 시각은 몇 분만큼 차이가 나는지 구해 보시오. **27분**

02 어느 해 5월 24일은 일요일입니다. 100일 후 날짜는 몇 월 며칠 무슨 요일인지 구해 보시오. **9월 1일 화요일**

03 직각으로 이루어진 도형의 둘레는 몇 cm인지 구해 보시오. **32 cm**

04 모양과 크기가 같은 7개의 금화 중 가벼운 가짜 금화가 1개 있습니다. 가짜 금화는 저울을 최소한 몇 번 사용하여 찾을 수 있는지 구해 보시오. **2번**

14

15

---

01 1시간에 6분씩 빨리 가는 시계와 1시간에 3분씩 느리게 가는 시계는 1시간이 지나면 9분 차이가 납니다.
따라서 3시간이 지난 후에는 $9 \times 3 = 27$(분) 차이가 납니다.

02 5월은 31일, 6월은 30일, 7월은 31일, 8월은 31일이 각 달의 마지막 날이므로 100일 후의 날짜를 구하면 9월 1일입니다.

	100일 후				
5월 24일	(5월 마지막 날)	(6월 마지막 날)	(7월 마지막 날)	(8월 마지막 날)	9월 1일
	--➤ 5월 31일 --➤	6월 30일 --➤	7월 31일 --➤	8월 31일 --➤	
	7일 후	30일 후	31일 후	31일 후	

$31 - 24 = 7$(일) $100 - 7 - 30 - 31 - 31 = 1$(일)

7일마다 같은 요일이 반복되므로 98일 후는 일요일이고, 100일 후는 98일 후의 2일 후이므로 화요일입니다.

03 주어진 도형에서 꺾인 곳의 변을 옮기면 다음 그림과 같습니다.
(주어진 도형의 둘레)
$=$(직사각형의 둘레)
$= 9 + 7 + 9 + 7 = 32$(cm)

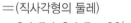

04 방법 1 7개의 금화를 3개씩 나누어 찾기

경우 1

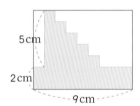

□표 한 금화가 가짜 금화입니다.

경우 2

방법 2 7개의 금화를 2개씩 나누어 찾기

경우 1

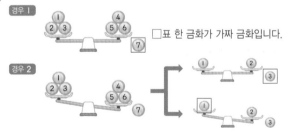

경우 2

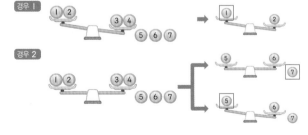

따라서 저울을 최소한 2번 사용하면 가벼운 가짜 금화를 찾을 수 있습니다.

형성평가 측정 영역

05 민서는 저울에 추를 매달려고 합니다. 저울이 수평이 되도록 ☐에 각각 알맞은 무게를 써넣으시오. (단, 막대의 무게는 생각하지 않습니다.)

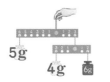

06 주어진 자의 간격을 이용하여 1cm부터 11cm까지 1cm 간격으로 길이를 재려고 할 때, 잴 수 없는 길이를 모두 구해 보시오. **1cm, 3cm, 8cm, 9cm, 10cm**

| 5cm | 2cm | 4cm |

07 다음 시계는 1시간에 몇 분씩 빨라지고 있는지 구해 보시오. **5분**

08 다음은 어느 해 찢어진 6월 달력의 일부분입니다. 오늘은 6월 6일입니다. 오늘부터 75일 후 날짜는 몇 월 며칠 무슨 요일인지 구해 보시오. **8월 20일 월요일**

16

17

---

05 $2 \times \boxed{6g} = 3 \times \boxed{}$ 에서 $\boxed{} = 4g$입니다.

㉯ 부분의 추의 무게는 ㉮ 부분의 전체 무게와 같으므로 $4 + 6 = 10(g)$입니다.

따라서 $6 \times \boxed{㉯} = 3 \times 10$에서 $\boxed{㉯} = 5g$입니다.

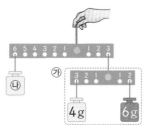

06

| 5cm | 2cm | 4cm |

- 간격 1개로 잴 수 있는 길이: 2cm, 4cm, 5cm
- 간격 2개로 잴 수 있는 길이: 6cm(2+4), 7cm(5+2)
- 간격 3개로 잴 수 있는 길이: 11cm(5+2+4)

따라서 잴 수 없는 길이는 1cm, 3cm, 8cm, 9cm, 10cm입니다.

07 10시에서 4시간 후 2시 20분이 되었으므로 4시간 동안 20분이 빨라졌습니다.
즉, 1시간 동안 5분씩 빨라졌습니다.

08 6월은 30일, 7월은 31일이 각 달의 마지막 날임을 이용하여 75일 후의 날짜를 구하면 8월 20일입니다.

6월 6일은 수요일이고 7일마다 같은 요일이 반복되므로 70일 후는 수요일입니다. 75일 후는 70일 후의 5일 후이므로 월요일입니다.

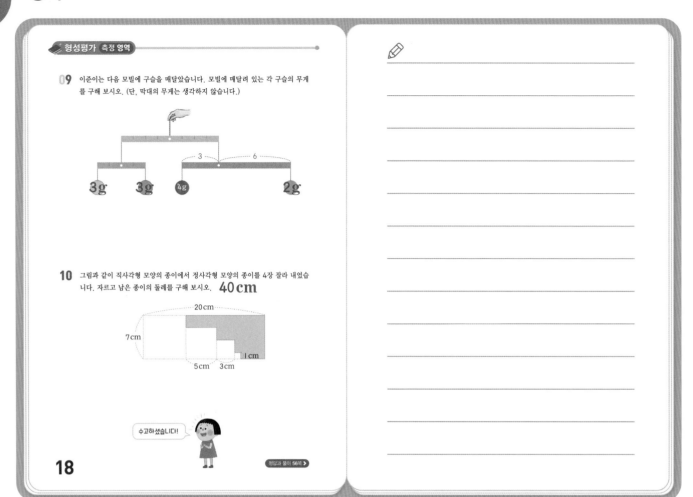

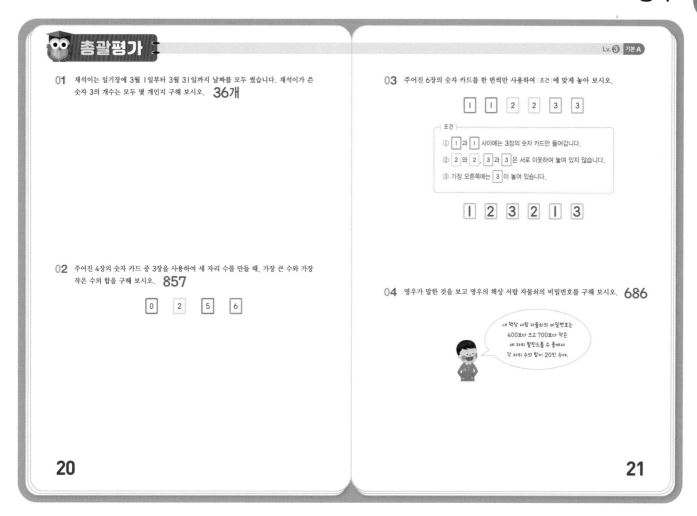

총괄평가

01 재석이는 일기장에 3월 1일부터 3월 31일까지 날짜를 모두 썼습니다. 재석이가 쓴 숫자 3의 개수는 모두 몇 개인지 구해 보시오. **36개**

02 주어진 4장의 숫자 카드 중 3장을 사용하여 세 자리 수를 만들 때, 가장 큰 수와 가장 작은 수의 합을 구해 보시오. **857**

| 0 | 2 | 5 | 6 |

03 주어진 6장의 숫자 카드를 한 번씩만 사용하여 조건에 맞게 놓아 보시오.

| 1 | 1 | 2 | 2 | 3 | 3 |

조건
① 1 과 1 사이에는 3장의 숫자 카드만 들어갑니다.
② 2 와 2 , 3 과 3 은 서로 이웃하여 놓여 있지 않습니다.
③ 가장 오른쪽에는 3 이 놓여 있습니다.

| 1 | 2 | 3 | 2 | 1 | 3 |

04 영우가 말한 것을 보고 영우의 책상 서랍 자물쇠의 비밀번호를 구해 보시오. **686**

내 책상 서랍 자물쇠의 비밀번호는 400보다 크고 700보다 작은 세 자리 팔린드롬 수 중에서 각 자리 수의 합이 20인 수야.

20

21

---

01 3월은 31일까지 있습니다.
 • 월을 나타내는 데 쓴 숫자 3의 개수: 31개
 • 일을 나타내는 데 쓴 숫자 3의 개수:
  일의 자리에 숫자 3을 쓴 경우는 3일, 13일, 23일이고,
  십의 자리에 숫자 3을 쓴 경우는 30일, 31일이므로
  모두 5개입니다.
 따라서 재석이가 쓴 숫자 3은 모두 31＋5＝36(개)입니다.

02 6＞5＞2＞0이므로 가장 큰 수는 652, 가장 작은 수는 205입니다.
 따라서 가장 큰 수와 가장 작은 수의 합은
 652＋205＝857입니다.

03 조건에 맞게 숫자 카드를 배열합니다.
 1과 1 사이에 카드가 3장 있고, 가장 오른쪽에는 3이 있으므로 1□□□13이 됩니다.
 그런데 2와 2는 이웃하지 않으므로 12□213이 되고, 남은 카드는 3이므로 123213이 됩니다.

04 400보다 크고 700보다 작은 세 자리 팔린드롬 수는
 4□4, 5□5, 6□6입니다.
 그런데 각 자리 수의 합이 20이 되려면 4□4, 5□5는
 맞지 않습니다.
 따라서 6□6에서 686이 됩니다.

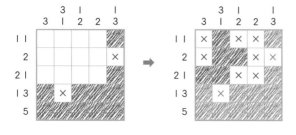

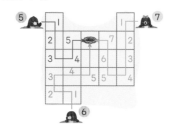

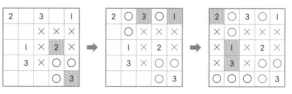

평가

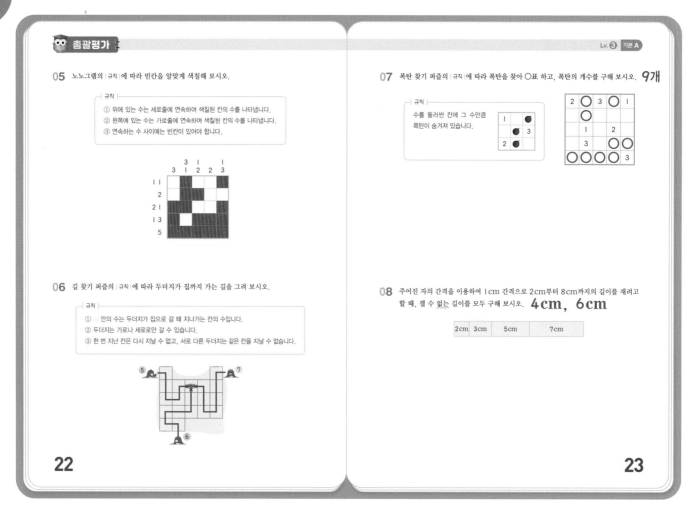

05 노노그램의 |규칙|에 따라 빈칸을 알맞게 색칠해 보시오.

| 규칙 |
① 위에 있는 수는 세로줄에 연속하여 색칠된 칸의 수를 나타냅니다.
② 왼쪽에 있는 수는 가로줄에 연속하여 색칠된 칸의 수를 나타냅니다.
③ 연속하는 수 사이에는 빈칸이 있어야 합니다.

06 길 찾기 퍼즐의 |규칙|에 따라 두더지가 집까지 가는 길을 그려 보시오.

| 규칙 |
① ☐ 안의 수는 두더지가 집으로 갈 때 지나가는 칸의 수입니다.
② 두더지는 가로 세로로만 갈 수 있습니다.
③ 한 번 지난 칸은 다시 지날 수 없고, 서로 다른 두더지는 같은 칸을 지날 수 없습니다.

07 폭탄 찾기 퍼즐의 |규칙|에 따라 폭탄을 찾아 〇표 하고, 폭탄의 개수를 구해 보시오. **9개**

| 규칙 |
수를 둘러싼 칸에 그 수만큼
폭탄이 숨겨져 있습니다.

08 주어진 자의 간격을 이용하여 1cm 간격으로 2cm부터 8cm까지의 길이를 재려고 할 때, 잴 수 없는 길이를 모두 구해 보시오. **4cm, 6cm**

| 2cm | 3cm | 5cm | 7cm |

22

23

---

05 반드시 채워야 하는 칸부터 색칠하고, 색칠하지 않아야 하는 칸에는 ✕표 해 가며 퍼즐을 해결합니다.

06 두더지가 지나가는 칸에 번호를 쓰면 집까지 가는 길의 칸 수를 알 수 있습니다.

07 수를 둘러싼 곳을 확인하고, 폭탄이 있는 곳은 〇표, 폭탄이 없는 곳은 ✕표 하며 퍼즐을 해결합니다.

08
- 간격 1개로 잴 수 있는 길이: 2cm, 3cm, 5cm, 7cm
- 간격 2개로 잴 수 있는 길이: 5cm(2+3), 8cm(3+5), 12cm(5+7)
- 간격 3개로 잴 수 있는 길이: 10cm(2+3+5), 15cm(3+5+7)
- 간격 4개로 잴 수 있는 길이: 17cm(2+3+5+7)
  따라서 잴 수 없는 길이는 4cm, 6cm입니다.

09 다음 도형에서 삼각형과 사각형의 한 변의 길이는 2cm로 모두 같습니다. 이 도형의 둘레는 몇 cm입니까? **24cm**

10 다음 모빌에 여러 가지 가방 모양 장식을 매달았습니다. 🧳의 무게가 4g일 때, ☕와 🎒의 무게를 각각 구해 보시오. (단, 막대의 무게는 생각하지 않습니다.)

4g   **2**g   **5**g

수고하셨습니다!

24

정답과 풀이 59쪽 ▶

09

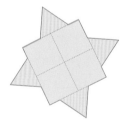

(초록색 선의 길이의 합)＝(사각형의 두 변의 길이의 합)
－(삼각형의 한 변의 길이)＝(2＋2)－2＝2(cm)
따라서 도형의 둘레의 길이는 2cm인 변 12개의 길이의 합
과 같습니다.
→ 2×12＝24(cm)

10 🧳의 무게가 4g이므로 4×3＝☕×6
따라서 ☕의 무게는 2g입니다.
🧳＋☕＝4＋2＝6(g)이고,
6×🎒＝5×6이므로
🎒은 5g입니다.

MEMO

MEMO

MEMO

창의사고력
초등수학
팩토

팩토는 자유롭게 자신감있게 창의적으로
생각하는 주·니·어·수·학·자입니다.

Free Active Creative Thinking O. Junior mathtian

창의사고력
초등수학

논리적 사고력과 창의적 문제해결력을 키워 주는
매스티안 교재 활용법!

대상	창의사고력 교재		연산 교재
	팩토슐레 시리즈	팩토 시리즈	원리 연산 소마셈
4~5세	팩토슐레 Math Lv.1 (6권)		
5~6세	팩토슐레 Math Lv.2 (6권)		
6~7세	팩토슐레 Math Lv.3 (6권)	팩토 킨더 A 팩토 킨더 B 팩토 킨더 C 팩토 킨더 D	소마셈 K시리즈 K1~K8
7세~초1		팩토 키즈 기본 A, B, C 팩토 키즈 응용 A, B, C	소마셈 P시리즈 P1~P8
초1~2		팩토 Lv.1 기본 A, B, C 팩토 Lv.1 응용 A, B, C	소마셈 A시리즈 A1~A8
초2~3		팩토 Lv.2 기본 A, B, C 팩토 Lv.2 응용 A, B, C	소마셈 B시리즈 B1~B8
초3~4		팩토 Lv.3 기본 A, B, C 팩토 Lv.3 응용 A, B, C	소마셈 C시리즈 C1~C8
초4~5		팩토 Lv.4 기본 A, B 팩토 Lv.4 응용 A, B	소마셈 D시리즈 D1~D6
초5~6		팩토 Lv.5 기본 A, B 팩토 Lv.5 응용 A, B	
초6~		팩토 Lv.6 기본 A, B 팩토 Lv.6 응용 A, B	